高等学校交通运输与工程类专业教材建设委员会规划教材

工程荷载

任青阳 刘 浪 周建庭 主 编

人民交通出版社股份有限公司

北 京

内 容 提 要

本书为高等院校土木工程类专业的本科教材,具有较强的交通土建特色,主要讲述了工程荷载的分类,各类工程荷载的性质和计算方法以及工程结构可靠度设计原理与分析方法。

本书共分为9章,包括荷载与作用、结构自重、主要活荷载、地震作用、岩土的侧向力、轨道荷载、其他作用、荷载的统计与组合、结构可靠度概念及设计指标。

本书可作为土木工程专业教材,也可供土木工程设计、施工、科研人员参考使用。

图书在版编目(CIP)数据

工程荷载 / 任青阳,刘浪,周建庭主编. — 北京：
人民交通出版社股份有限公司, 2018.9
ISBN 978-7-114-14803-3

Ⅰ. ①工… Ⅱ. ①任… ②刘… ③周… Ⅲ. ①工程结构—结构载荷—高等学校—教材②工程结构—结构可靠性—高等学校—教材 Ⅳ. ①TU312

中国版本图书馆 CIP 数据核字(2018)第 191730 号

高等学校交通运输与工程类专业教材建设委员会规划教材
Gongcheng Hezai

书　　名：工程荷载
著 作 者：任青阳　刘　浪　周建庭
责任编辑：卢俊丽
责任校对：刘　芹
责任印制：刘高彤
出版发行：人民交通出版社股份有限公司
地　　址：(100011)北京市朝阳区安定门外外馆斜街 3 号
网　　址：http://www.ccpcl.com.cn
销售电话：(010)59757973
总 经 销：人民交通出版社股份有限公司发行部
经　　销：各地新华书店
印　　刷：北京虎彩文化传播有限公司
开　　本：787×1092　1/16
印　　张：11.5
字　　数：273 千
版　　次：2018 年 9 月　第 1 版
印　　次：2024 年 6 月　第 4 次印刷
书　　号：ISBN 978-7-114-14803-3
定　　价：39.00 元

(有印刷、装订质量问题的图书,由本公司负责调换)

高等学校交通运输与工程(道路、桥梁、隧道与交通工程)教材建设委员会

前言

土木工程涵盖了建筑、桥梁、隧道、道路、铁路、岩土、港口等各类工程。这些工程结构正常服役的首要前提是能够承受建设和使用过程中施加于其上的各种作用。进行工程结构设计时，首先要确定施加于结构上的荷载与作用，其次通过计算分析来保证结构在生命周期内有足够的能力来承受这些荷载与作用，并将结构的变形、裂缝等控制在允许范围之内，以满足适用性要求。

在人才培养方面，为响应"加强基础，淡化专业，因材施教，分流培养"的16字教学改革方针，培养"厚基础，宽口径"的复合型人才，大学教育应注重专业基础的教育教学。"工程荷载"是土木工程专业一门非常重要的专业基础课程，本书即为大类招生的土木工程专业而编写。

为了更好地理解各类荷载及其计算方法，本书对土木工程结构中经常需要考虑的荷载类型进行了介绍，对其产生的背景和在工程中的计算方法做出了详尽阐述。影响荷载取值和荷载组合的因素诸多，荷载与抗力的计算带有不确定性，本书通过结构可靠性设计的概念，介绍了工程结构可靠度设计原理与分析方法，以便读者更好地理解和掌握现行结构设计规范的理念和方法。

全书共9章，包括荷载与作用、结构自重、主要活荷载、地震作用、岩土的侧向力、轨道荷载、其他作用、荷载的统计与组合、结构可靠度概念及设计指标。

本书主要由任青阳、刘浪、周建庭等共同编写完成。在本书的编写过程中引用了同行专家论著中的成果，在此表示感谢。参与本书编写的还有张一帆，任林春，韩振雷，刘洋，杨益铭，张乐显。

由于编者水平有限，本书难免存在不妥之处，欢迎广大读者予以批评、指正。

编者

2018 年 3 月

目录

第1章

荷载与作用

1.1　工程结构荷载与作用

　　工程结构是指采用土木工程材料建造的、能够承受不同作用的房屋、道路、桥梁、隧道、堤坝等工程设施。工程结构的根本目的是服务于人类和社会,例如,建造房屋为人类遮风避雨,架桥铺路为人群和车辆提供通道。在使用期间,工程结构最重要的一项功能是承受各种环境作用。如房屋结构要承受自身重量、人群和家具重量、风与雪的作用等;道路桥梁结构要承受车辆的重量、车辆的制动力与冲击力、水压力与土压力等作用;在地震地区的工程结构还要承受地震作用。工程结构设计的目的就是要保证结构具有足够的承载力来抵抗自然界的各种作用,将结构的变形、振动等控制在满足正常使用范围内。为使结构在规定的使用年限内具有足够的可靠度,首先要了解对结构造成不利影响的各种作用。

　　工程结构上的作用是使结构产生效应(结构的内力、变形、振动等)的各种原因的总称。结构上的作用包括直接作用和间接作用两种。直接作用指的是施加用于结构上的集中力或分布力,如重力、车辆制动力、人群荷载、土压力等。间接作用是指引起结构外加变形或约束变形的原因,如地震、温度变化、基础不均匀沉降、焊接等。严格意义上,可将直接作用称之为荷载。2004 年我国《公路桥涵设计通用规范》(JTG　D60—2004)修订时,统一采用“作用”。确定结构上的作用的类型、大小、分布及引起结构效应的特征是结构设计的重要内容之一。

1.2 作 用 分 类

结构上的作用类型各种各样,作用的特征、统计和取值方法及其对结构产生的影响都存在区别。为了便于结构设计取值,可根据不同作用对结构产生的不同影响进行合理的分类,考虑到不同作用产生的效应的性质和重要性的不同,可按照随时间的变异性、随空间位置的变异性和结构的反应特点对作用进行分类。

1)按随时间的变异性分类

(1)永久作用。永久作用是指在设计所考虑的时期内始终存在,其量值变化与平均值相比不可忽略不计的作用。例如,结构自重、土压力、预应力、地基变形作用、混凝土的收缩与徐变、钢材焊接变形作用等。

(2)可变作用。可变作用是指在设计使用年限内其量值随时间变化,且其变化与平均值相比不可忽略的作用。例如,安装荷载、人员和设备荷载、汽车荷载、吊车荷载、风荷载、雪荷载、冰荷载、流水压力、温度变化等。

(3)偶然作用。偶然作用是指在设计使用年限内不一定出现,而一旦出现其量值很大且持续时间很短的作用。例如,撞击、爆炸、罕遇地震、火灾等。

一般情况下,作用的取值与其持续的时间长短有关。由于可变作用的变异性比永久作用的变异性大,因此可变作用的相对取值(与平均值之比)应比永久作用的相对取值大。另外,由于偶然作用的出现概率较小,结构抵抗偶然作用的可靠度比抵抗永久作用和可变作用的可靠度低。

2)按随空间位置的变异性分类

(1)固定作用。在结构上具有固定空间分布的作用。当固定作用在结构某一点上的大小和方向确定后,该作用在整个结构上的作用即得以确定。例如,结构自重、结构上的固定设备荷载等。

(2)自由作用。在结构上给定的范围内具有任意空间分布的作用。例如,房屋中的人员、家具荷载、桥梁上的车辆荷载等。

由于自由作用可以任意分布,结构设计时应考虑它在结构上引起最不利效应的分布情况。

3)按结构的反应分类

(1)静态作用。使结构产生的加速度可以忽略不计的作用。例如,结构自重、土压力、温度变化等。

(2)动态作用。使结构产生的加速度不可忽略不计的作用。例如,地震、风的脉动、设备振动、冲击和爆炸作用等。

进行结构分析时,对于动态作用必须考虑结构的动力效应,按动力学的方法进行结构分析,或按动态作用转换成等效静态作用,再按静力学的方法进行结构分析。

4)按有无限值分类

(1)有界作用。具有不能被超越的且可确切或近似掌握其界限值的作用。

(2)无界作用。没有明确界限值的作用。

1.3　作用代表值

　　作用代表值指的是极限状态设计所采用的作用值。在工程结构或结构构件设计时，针对不同设计目的所采用的各种作用代表值包括作用标准值、频遇值、组合值和准永久值。

　　(1)作用标准值。作用的主要代表值，可根据对观测数据的统计、作用的自然界限或工程经验确定。

　　(2)设计基准期。为确定可变作用等的取值而选用的时间参数。

　　(3)可变作用组合值。使组合后的作用效应的超越概率与该作用单独出现时其标准值作用效应的超越概率趋于一致的作用值；或组合后使结构具有规定可靠指标的作用值。可通过组合值系数($\psi_c \leqslant 1$)对作用标准值的折减来表示。

　　(4)可变作用准永久值。在设计基准期内被超越的总时间占设计基准期的比率较大的作用值。可通过准永久值系数($\psi_q \leqslant 1$)对作用标准值的折减来表示。

　　(5)可变作用频遇值。在设计基准期内被超越概率的总时间占设计基准期的比率较小的作用值；或被超越的频率限制在规定频率内的作用值。可通过频遇值系数($\psi_f \leqslant 1$)对作用标准值的折减来表示。

　　永久作用采用其标准值作为代表值，对结构自重，可按结构构件的设计尺寸与材料单位体积的自重(重力密度)计算确定；可变作用根据工程设计要求采用标准值、组合值、频遇值或准永久值作为代表值。

本　章　小　结

　　(1)引起结构产生效应的原因包含两个方面，一方面是直接施加于结构上的集中力或分布力，另一方面是间接引起结构外加变形和约束变形的原因。作用通常指使结构产生效应的所有原因，包括直接作用和间接作用。严格意义上，可将直接作用称之为荷载。2004年我国《公路桥涵设计通用规范》(JTG D60—2004)修订时，统一采用"作用"。确定结构上的作用的类型、大小、分布及引起结构效应的特征是结构设计的重要内容之一。

　　(2)作用按随时间的变异性可分为永久作用、可变作用和偶然作用；按随空间位置的变异性可分为固定作用和自由作用；按结构的反应分类可分为静态作用和动态作用；按有无限值分类可分为有界作用和无界作用。

　　(3)作用代表值指的是极限状态设计所采用的作用值。针对不同设计目的所采用的各种作用代表值包括作用标准值、组合值、准永久值和频遇值。永久作用采用其标准值作为代表值；可变作用根据工程设计要求采用标准值、组合值、频遇值或准永久值作为代表值。

思考题

1-1 什么是工程结构作用?

1-2 作用有哪些分类?

1-3 作用代表值的定义? 作用的代表值有哪些?

1-4 根据不同的作用类型,其作用的代表值如何确定?

第 2 章

结构自重

地球上一定高度范围内的物体均会受到地球引力的作用而产生重力,称为重力荷载,例如自重、人群荷载、汽车荷载等。

结构自重是由地球引力产生的组成结构的材料重力,其中包括结构构件、面层、固定设备等所组成的材料自重,属于永久荷载。

2.1 建筑结构自重

建筑结构是指建筑物中由承重构件基础,墙体,柱,梁,楼板,屋架等组成的体系,其中各个构件自重可根据结构材料重度与结构体积确定。

一般而言,只要知道结构各部件或构件尺寸及所使用的材料重度,就可以算出构件的自重:

$$G = \gamma V \tag{2-1}$$

式中:G——构件的自重,kN;

γ——构件材料的重度,kN/m³;

V——构件的体积,一般按设计尺寸确定,m³。

本书在附表 1 中给出了建筑结构中常用的材料和构件单位体积的自重,但必须注意的是土木工程中结构各构件的材料重度可能不同,计算结构总自重时应将结构划分为多个容易计算的基本构件,首先计算基本构件的重度,然后再进行叠加得出结构的总自重,其计算公式为:

$$G = \sum_{i=1}^{n} \gamma_i V_i \qquad (2\text{-}2)$$

式中:G ——结构总自重,kN;

$\quad n$ ——组成结构的基本构件数;

$\quad \gamma_i$ ——第 i 个基本构件的重度,kN/m^3;

$\quad V_i$ ——第 i 个基本构件的体积,m^3。

在进行建筑结构设计时,为了方便工程上应用,有时经常把建筑物看成一个整体,将结构自重转化为平均楼面恒载。作为近似估算,对一般的木结构建筑,其平均楼面恒载可取 1.98 ~ 2.48kN/m^2;对钢筋混凝土建筑,其值在 4.95 ~ 7.43kN/m^2 之间;对于钢结构建筑,其值为 2.48 ~ 3.96kN/m^2;而对预应力混凝土建筑,建议取普通钢筋混凝土建筑恒载的 70% ~ 80%。

2.2 桥梁结构自重

桥梁由五个"大部件"与五个"小部件"组成。所谓五大部件是指桥梁承受汽车荷载或其他运输车辆荷载的桥跨上部结构与下部结构,其中包括桥跨结构、支座结构、桥墩、桥台、基础。五小部件都是直接与桥梁服务功能有关的部件,包括桥面铺装、排水防水系统、栏杆、伸缩缝、灯光照明。

结构重力包括结构自重及桥面铺装、附属设备等附加重力。结构重力标准值可按照常用的材料的重度(表 2-1)根据式(2-1)和式(2-2)进行计算。

常见的材料重度表　　　　　　　　　　　　　　　　　表 2-1

材 料 种 类	重度(kN/m^3)	材 料 种 类	重度(kN/m^3)
钢、铸钢	78.5	浆砌片石	23.0
铸铁	72.5	干砌块石或片石	21.0
锌	70.5	沥青混凝土	23.0 ~ 24.0
铅	114.0	沥青碎石	22.0
黄铜	81.1	碎(砾)石	21.0
青铜	87.4	填土	17.0 ~ 18.0
钢筋混凝土或预应力混凝土	25.0 ~ 26.0	填石	19.0 ~ 20.0
混凝土或片石混凝土	24.0	石灰三合土、石灰土	17.5
浆砌块石或料石	24.0 ~ 25.0	—	—

2.3 土的自重应力

土是岩石风化产物经各种地质作用搬运、沉积造成的,由固态的土颗粒、液态的水分和气态的物质组成的三相体系。天然土的性质和分布受地域的影响较大,即使在较小范围内也可能有很大变化,是不连续的、不均匀的。

土中任意截面上都包括土颗粒骨架和孔隙,通过土粒接触点传递的粒间应力能够使土颗粒彼此挤紧,从而引起土体的变形。粒间应力是影响土体强度的重要因素,又称有效应力。在计算土应力时,通常不考虑土的非均质性,而是把土体简化为均质连续体,采用连续介质力学理论计算土中应力的分布,土中应力取为单位面积(包括空隙面积在内)上的平均应力。

土体的自重应力为土自身有效重力在土体中所引起的应力。计算时,假设天然地面是一个无限大的水平面,同时土体在水平方向的分布是均匀的,竖向的各层土在本层内的分布也是均匀的。因而土体在有效应力作用下只产生竖向变形,而无侧向变形和剪切变形,在任意竖直面和水平面上均无剪应力存在。

2.3.1 均质土的自重应力

如果地面下土质均匀,土层的天然重度为 γ ,则在天然地面以下任意深度 z 处 $\alpha\text{-}\alpha$ 水平面上的竖直自重应力 σ_{cz} ,可取作用于该水平面上任一单位面积的土柱体自重 $\gamma z \times 1$ 计算,即

$$\sigma_{cz} = \gamma z \tag{2-3}$$

σ_{cz} 沿水平方向均匀分布,且与 z 成正比,即随深度按直线规律分布,如图 2-1 所示。

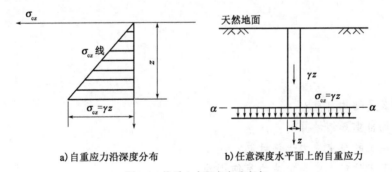

a)自重应力沿深度分布　　　　b)任意深度水平面上的自重应力

图 2-1 均质土中竖向自重应力

2.3.2 成层土的自重应力

一般情况下,地基土由不同重度的土层组成。天然地面下深度 z 范围内各层土的厚度自上而下分别为 h_1、h_2、$\cdots$、h_i、$\cdots$、h_n,则成层土深度 z 处的竖直有效自重力的计算公式为:

$$\sigma_{cz} = \gamma_1 h_1 + \gamma_2 h_2 + \cdots + \gamma_n h_n = \sum_{i=1}^{n} \gamma_i h_i \tag{2-4}$$

式中：n ——从天然地面起到深度 z 处的土层数;

h_i ——第 i 层土的厚度,m;

γ_i ——第 i 层的天然重度,kN/m^3。

2.3.3 地下水对土体自重应力的影响

若土层位于地下水位以下,由于受到水的浮力作用,单位体积中土颗粒所受的重力扣除浮力后的重度称为土的有效重度,是土的有效密度与重力加速度的乘积,这时计算土的自重应力应取土的有效重度代替天然重度。

在计算自重应力时,地下水位面也应作为分层的界面。地下水位以下,若隐藏有不透水的岩层或不透水的坚硬黏土层,因为不透水层中不存在水的浮力,所以不透水层界面以下的自重应力应按上覆土层的水土总重计算。

本 章 小 结

(1)结构自重是由组成结构的材料产生的重力。计算结构总自重时可将结构划分为一些基本构件,然后叠加各基本构件的重量即可得到结构总自重。

(2)计算建筑结构自重、桥梁结构自重时,可将结构常用组成构件的体积及材料重度等代入结构自重计算公式,然后叠加即可。

(3)当地面以下为均质土层时,地面下任意深度处土的竖向自重应力可以按照作用于该深度水平面上任意单位面积的土柱体自重计算。地基土由不同重度的多层土组成。天然地面下某深度处土的竖直自重应力应为该深度以上各层土自重应力之和。当存在的地下水水位位于某一层土体中时,可以将该土层划分为两层土:位于地下水位以下的土层,土的自应力应考虑用有效重度计算。

思考题

    2-1 什么是结构自重?

    2-2 结构自重如何计算?

    2-3 成层土的自重应力如何计算?

    2-4 地下水位对土中自重应力有何影响?

    2-5 什么是土的有效重度?

第3章

主要活荷载

3.1 风 荷 载

3.1.1 风的形成

风是由空气流动而形成的。空气流动的原因是地表上各点大气压力（简称气压）不同,存在压力差或者压力梯度,空气要从气压大的地方向气压小的地方流动。

由于地球是一个球体,太阳光辐射到地球上的能量随着纬度不同而有差异,赤道和低纬度地区受热量较多,而极地和高纬度地区受热量较少。在受热量较多的赤道附近地区,气温高,空气密度小,则气压小,且大气因加热膨胀由表面向高空上升;而在受热量较少的极地附近地区,气温低,空气密度大,则气压大,且大气因冷却收缩由高空向地表下沉。因此,在低空,受指向低纬气压梯度力的作用,空气从高纬地区流向低纬地区;而在高空,气压梯度指向高纬,空气则从低纬流向高纬地区,这样就形成了全球性南北向环流。

3.1.2 基本风速

风的强度通常用风速表示,气象台、站记录下的多为风速资料。确定作用于工程结构上的风荷载时,必须依据当地风速资料确定基本风压。风的流动速度随离地面高度不同而变化,还

9

与地貌环境等多种因素有关。实际工程设计中,为了方便,一般按规定的地貌、高度、时距等标准条件确定风速。基本风速通常按以下规定的条件定义。

(1)标准高度的影响。风速随高度变化而变化。离地表越近,地表摩擦耗能越大,因而平均风速越小。《建筑结构荷载规范》(GB 50009—2012)对房屋建筑取距地面10m为标准高度;《公路桥涵设计通用规范》(JTG D60—2015)对桥梁工程取距地面20m为标准高度,并定义标准高度处的最大风速为基本风速。

(2)标准地貌的规定。同一高度处的风速与地貌粗糙程度有关。地面粗糙程度高,风能消耗多,风速则低。测定风速处的地貌要求空旷平坦,一般应远离城市中心。城市中心地区房屋密集,对风的阻碍及摩擦均大。通常以当地气象台、站或机场作为观测点。

(3)公称风速的时距。公称的风速实际是一定时间间隔内(称为时距)的平均风速。风速随时间不断变化,常取某一规定时间内的平均风速作为计算标准。风速记录表明,10min的平均风速已趋于稳定。时距太短,易突出风的脉动峰值作用;时距太长,势必把较多的小风平均进去,致使最大风速值偏低。根据我国风的特性,大风约在1min内重复一次,风的卓越周期约为1min。如取10min时距,可覆盖10个周期的平均值,在一定长度的时间和一定次数的往复作用下,才有可能导致结构破坏。《建筑结构荷载规范》(GB 50009—2012)规定的基本风速的时距为10min。

(4)最大风速的样本时间。由于气候的重复性,风有着它的自然周期,每年季节性的重复一次,所以,年最大风速最有代表性。我国和世界绝大多数国家一样,取一年最大风速记录值为统计样本。

(5)基本风速的重现期。取年最大风速为样本,可获得各年的最大风速。每年的最大风速值是不同的。工程设计时,一般应考虑结构在使用过程中几十年范围内,可能遭遇到的最大风速。该最大风速不是经常出现,而是间隔一段时间后再出现的,这个间隔时期称为重现期。

3.1.3 基本风压

对于建筑结构设计,风力作用的大小最好直接以风压来表示。低速运动的空气可作为不可压缩的流体看待,根据流体力学中的伯努利方程可以推出普遍使用的风压-风速关系式。

$$\omega = \frac{1}{2}\rho v^2 = \frac{\gamma}{2g}v^2 \tag{3-1}$$

式中:ω——单位面积上的风压力,kN/m^3;

ρ——空气密度,t/m^3;

γ——空气单位体积重力,kN/m^3;

g——重力加速度,m/s^2;

v——风速,m/s。

在标准大气压101.325kPa、常温15℃和绝对干燥的情况下,$\gamma = 0.012018kN/m^3$;纬度45°处、海平面上的$g = 9.8m/s^2$,则有:

$$\omega = \frac{\gamma}{2g}v^2 = \frac{0.012018}{2 \times 9.8}v^2 = \frac{v^2}{1630} \tag{3-2}$$

由于各地地理位置不同,因而γ和g值不同。在自传的地球上,重力加速度g不仅随着高度变化,还随着纬度变化。而空气重度γ与当地气压、气温和湿度有关。因而,各地$\gamma/2g$值均不同,我国东南沿海地区该值约为 1/1750;内陆地区该值随高度增加而减小;对于海拔在 500m 以下的地区,该值约为 1/1600;对于海拔在 3500m 以上的高原和高山地区,该值减小至 1/2600 左右。

3.1.4 非标准条件下的风速和风压

基本风速和基本风压是按照标准条件确定的,但进行不同地区的工程结构抗风计算时,不可能都处于标准条件下,因此需进行非标准条件和标准条件之间风速和风压的换算。

1)非标准高度换算

即使在同一地区,高度不同,风速也不同。要知道不同高度与风速之间的关系,必须掌握它们沿高度的变化规律。

根据实测结果分析,平均风速沿高度变化的规律可用指数函数来描述,即

$$\frac{\bar{\nu}}{\nu_s} = \left(\frac{z}{z_s}\right)^{\alpha} \tag{3-3}$$

式中:$\bar{\nu}$、z——任一点的平均风速和高度;

$\bar{\nu}_s$、z_s——标准高度处的平均风速和高度,大多数国家在计算基本风压时都规定标准高度为 10m;

α——与地貌或地面粗糙度有关的指数,地面粗糙程度越大,α 越大,表 3-1 列出了根据实测数据确定的国内外几个主要大城市及其邻近郊区的 α 值。

国内外大城市中心及其邻近的实测 α 值 表 3-1

地区	上海近邻	南京	广州	圣路易斯	蒙特利尔	上海	哥本哈根
α	0.16	0.22	0.24	0.25	0.28	0.28	0.34
地区	东京	基辅	伦敦	莫斯科	纽约	圣彼得堡	巴黎
α	0.34	0.36	0.36	0.37	0.39	0.41	0.45

根据式(3-1)和式(3-3)可确定地貌条件下非标准高度处风压与标准高度处风压之间的换算关系式为:

$$\frac{\omega_a(z)}{\omega_{0a}} = \left(\frac{z}{z_s}\right)^{2\alpha_a} \tag{3-4}$$

式中:$\omega_a(z)$——某种地貌条件下,高度 z 处的风压;

ω_{0a}——某种地貌条件下,标准高度处的风压;

α_a——某种地貌条件下的地面粗糙度指数。

2)非标准地貌的换算

基本风压是根据空旷平坦地面处所测得的数据求得。如果地貌不同,由于地面的摩擦阻力大小不同,使得该地貌处 10m 高处的风压与基本风压不相同。由于地表摩擦,接近地表的风速随着离地面的距离的减小而降低。只有离地 300~500m 以上的地方,风才不受地表的影响,能够在气压梯度的作用下自由流动,达到所谓梯度速度,而将出现这种速度的高度称为梯度风高度,可以用 H_T 表示。地貌不同(粗糙度不同),近地面风速变化的快慢不同。地面越粗糙,风速变化越慢(α 越大),H_T 越高;地面越平坦,风速变化越快(α 越小),H_T 越低。表 3-2 列出了各种地貌条件下风速变化指数 α 及梯度风高度 H_T 的值。

不同地貌条件下的 α 及 H_T 值 表 3-2

地貌	海面	空旷平坦地面	城市	大城市中心
α	0.12	0.15	0.22	0.30
$H_T(m)$	300	350	450	550

设标准地貌的基本风速及其测定高度、梯度风高度和风速变化指数分别为 v_{0s}、z_s、H_{Ts}、α_s，任意地貌下的上述各值分别为 v_{0a}、z_a、H_{Ta}、α_a。由于相同气压梯度下各类地貌的梯度风速相同，则根据式(3-2)可得：

$$v_{0s}\left(\frac{H_{Ts}}{z_s}\right)^{\alpha_s} = v_{0a}\left(\frac{H_{Ta}}{z_a}\right)^{\alpha_a} \tag{3-5}$$

由上式可得：

$$v_{0a} = v_{0s}\left(\frac{H_{Ts}}{z_s}\right)^{\alpha_s}\left(\frac{H_{Ta}}{z_a}\right)^{-\alpha_a} \tag{3-6}$$

由式(3-1)得到任意地貌条件下标准高度处的风压 ω_{0a} 与标准地貌下基本风压 ω_0 之间的换算关系式为：

$$\omega_{0a} = \omega_0\left(\frac{H_{Ts}}{z_s}\right)^{2\alpha_s}\left(\frac{H_{Ta}}{z_a}\right)^{-2\alpha_a} \tag{3-7}$$

3）非标准时距的换算

时距不同，所求得的平均风速将不同。国际上各个国家规定的时距并不完全相同。另外，我国过去记录的资料中也有瞬时、1min、2min 等时距，因此在一些情况下，需要进行不同时距之间的平均风速换算。

根据国内外学者所得到的各种不同时距对应的平均风速，经统计得出各种不同时距与10min 时距风速的平均比值如表 3-3 所示。

各种不同时距与 10min 时距风速的平均比值 表 3-3

风速时距	1h	10min	5min	2min	1min	0.5min	20s	10s	5s	瞬时
统计比值	0.94	1	1.07	1.16	1.20	1.26	1.28	1.35	1.39	1.50

4）不同重现期的换算

根据结构对风荷载敏感程度及其重要性的不同，设计时可能采用不同重现期的风压，需要进行不同重现期风压之间的换算。

根据我国各地的风压统计资料，可得出风压的概率分布，然后再根据重现期与超越概率或保证率的关系式可得出不同重现期的风压，由此得出不同重现期与常规50 年重现期风压与比值 μ_r，列成表格，如表 3-4 所示。

不同重现期风压与 50 年重现期风压的比值 表 3-4

重现期 T_0(年)	100	50	30	20	10	5	3	1	0.5
μ_r	1.11	1.00	0.93	0.87	0.77	0.66	0.53	0.35	0.25

3.1.5　结构抗风的计算与几个重要观念

1）风荷载体型系数

当建筑物处于风速为 v 的风流场中时，自由流动的风会因受到阻碍而停滞，这时对建筑物表面所产生的压力与风速的关系可按照基本风压的计算公式(3-1)计算。但在一般情况下,自由气流并不会完全理想地停滞在建筑物的表面,而是通过不同的路径从建筑物表面绕过。风作用在建筑物表面的不同部位将引起不同的风压值,此值与来流风压之比称为风荷载体型系数,它表示建筑物表面在稳定风压作用下的静态压力分布规律,主要与建筑物的体型和尺寸有关。

在风的作用下,迎风面由于气流正面受阻产生风压力,侧风面和背风面由于漩涡作用引起风吸力。迎面风的风压力在房屋中部最大,侧面风和背面风的风吸力在建筑物角部最大(图3-1)。

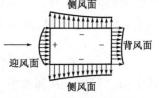

图3-1 风压在屋顶平面的分布

(1)单体建筑的风荷载体型系数

下面以一拱形屋顶房屋为例(图3-2)说明风荷载体型系数的意义。

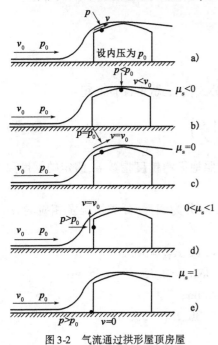

图3-2 气流通过拱形屋顶房屋

设一水平气流通过该房屋,未受房屋干扰前气流流速为v_0、压力为p_0,通过房屋表面上某点的气流流速为v、压力为p,另外,假设该气流的脱离点在房屋背风面顶点,则房屋迎风面及屋面的压力均可按式(3-1)确定,得:

$$p_0 + \frac{\gamma}{2g}v_0^2 = p + \frac{\gamma}{2g}v^2 \qquad (3-8)$$

其中,p_0相当于大气压,也即房屋内表压,而风压实际为房屋外表压与内表压之差,由上式得风压ω:

$$\omega = p - p_0 = \frac{\gamma}{2g}v_0^2 - \frac{\gamma}{2g}v^2 = \left(1 - \frac{v^2}{v_0^2}\right)\frac{\gamma}{2g}v_0^2 = \mu_s\omega_0$$

$$(3-9)$$

式中:μ_s——风荷载体型系数,与绕过房屋表面的气流速度有关,其值还取决于房屋的几何形状和尺寸;

ω_0——理想风速风压,即流速为v_0、压力为p_0的风气流遇到阻碍而完全停滞时的风压。

由上式可得$\mu_s = 1 - v^2/v_0^2$,因此可知:在迎风墙面上,因气流受阻,流速降低甚至气流停滞,$v < v_0$或$v = 0$,此时$0 < \mu_s < 1$,墙面受正风压(压力);在屋面上因气流界面收缩,流速增大,$v > v_0$,此时$\mu_s < 0$,屋面受负风压(吸力)。

(2)屋面围护构件的风荷载体型系数

一般情况下,当验算围护构件及其连接的强度时,可按照下列规定采用局部风压的风荷载体型系数μ_{s1}:

①外表面。

a.正压区。按规范查表采用。

b.负压值。对墙面,取-1.0;对墙边角,取-1.8(宽度为0.1倍房屋宽度或0.4倍房屋平均高度中的较小者,但不小于1.5m);对屋面局部部位(屋面周边和屋面坡度大于10°的屋脊部位,其宽度为0.1倍房屋宽度或0.4倍房屋平均高度中的较小者,但不小于1.5m),取-2.2;对檐口、雨篷、遮阳板等突出建筑物的构件,取-2.0。

②内表面。对封闭式建筑物,按外表面风压的正负情况取 -0.2 或 0.2。

上述局部风压风荷载体型系数 μ_{s1} 只适用围护构件的从属面积 $A \leqslant 1\mathrm{m}^2$ 的情况,当维护构件的面积 $\geqslant 10\mathrm{m}^2$ 时,局部风压体型系数 $\mu_{s1}(10)$ 可乘以折减系数 0.8;当围护构件的从属面积为 $10\mathrm{m}^2 > A > 1\mathrm{m}^2$ 时,局部风压体型系数 $\mu_{s1}(A)$ 可按面积的对数插值,按下列公式计算:

$$\mu_{s1}(A) = \mu_{s1}(1) + [\mu_{s1}(10) - \mu_{s1}(1)]\lg A \tag{3-10}$$

式中: $\mu_{s1}(1)$ ——从属面积 $A = 1\ \mathrm{m}^2$ 时的风荷载体型系数;

$\mu_{s1}(10)$ ——从属面积 $A = 10\ \mathrm{m}^2$ 时的风荷载体型系数。

(3)风压高度变化系数

设任意地貌、任意高度 z 处的风压为 $\omega_a(z)$,将其与标准地貌下标准高度(一般为 $10\mathrm{m}$)处的基本风压 ω_0 之比定义为风压高度变化系数 $\mu_z(z)$,即

$$\mu_z(z) = \frac{\omega_a(z)}{\omega_0} \tag{3-11}$$

将前述风压非标准高度换算公式及非标准地貌换算公式代入式(3-11)中,得:

$$\mu_z(z) = \left(\frac{H_{Ts}}{z_s}\right)^{2\alpha_s} \left(\frac{H_{Ta}}{z_a}\right)^{-2\alpha_a} \left(\frac{z}{z_a}\right)^{2\alpha_a} \tag{3-12}$$

式中, $\mu_z(z)$ 是任意地貌下的风压高度变化系数,应按照地面粗糙度指数 α、假定的梯度风高度 H_{Ta} 确定,并随着地面高度 z 的变化而变化。

《建筑结构荷载规范》(GB 50009—2012)将地面粗糙度分为四类,分类情况及相应的 α、H_{Ta} 如下:

A 类　近海面和海岛、海岸、湖岸及沙漠地区,取 $\alpha_A = 0.12$、$H_{TA} = 300\mathrm{m}$;

B 类　田野、乡村、丛林、丘陵及房屋比较稀疏的乡镇,取 $\alpha_B = 0.15$、$H_{TB} = 350\mathrm{m}$;

C 类　有密集建筑群的城市市区,取 $\alpha_C = 0.22$、$H_{TC} = 450\mathrm{m}$;

D 类　有密集建筑群且房屋较高的城市市区,取 $\alpha_D = 0.30$、$H_{TD} = 550\mathrm{m}$。

A 类:

$$\mu_z^A(z) = 1.284 \left(\frac{z}{10}\right)^{0.24} \tag{3-13}$$

B 类:

$$\mu_z^B(z) = 1.000 \left(\frac{z}{10}\right)^{0.30} \tag{3-14}$$

C 类:

$$\mu_z^C(z) = 0.544 \left(\frac{z}{10}\right)^{0.44} \tag{3-15}$$

D 类:

$$\mu_z^D(z) = 0.262 \left(\frac{z}{10}\right)^{0.60} \tag{3-16}$$

根据上述式子可以求出四类地貌下的风压高度变化系数,如表 3-5 所示。对于平坦或稍有起伏的地形,风压高度变化系数直接按表取用;对于山区的建筑物,风压高度变化系数按表取用时,还应根据地形条件作出修正。

风压高度变化系数 μ_z 表 3-5

离地面或海平面高度	地面粗糙度类别			
（m）	A	B	C	D
5	1.09	1.00	0.65	0.51
10	1.28	1.00	0.65	0.51
15	1.42	1.13	0.65	0.51
20	1.52	1.23	0.74	0.51
30	1.67	1.39	0.88	0.51
40	1.79	1.52	1.00	0.60
50	1.89	1.62	1.10	0.69
60	1.97	1.71	1.20	0.77
70	2.05	1.79	1.28	0.84
80	2.12	1.87	1.36	0.91
90	2.18	1.93	1.43	0.98
100	2.23	2.00	1.50	1.04
150	2.46	2.25	1.79	1.33
200	2.64	2.46	2.03	1.58
250	2.78	2.63	2.24	1.81
300	2.91	2.91	2.60	2.22
400	2.91	2.91	3.76	2.40
450	2.91	2.91	2.91	2.58
500	2.91	2.91	2.91	2.74
≥550	2.91	2.91	2.91	2.91

（4）平均风下结构的静力荷载

平均风对结构的作用可等效为静力荷载。由前面的讨论知,不同高度的平均风压可采用由风压高度变化系数对基本风压修正的方式确定,而该高度结构所受的平均风压,可采用由风荷载体型系数对平均风风压修正的方式确定。因此,平均风下结构的静力风载 $\overline{\omega}(z)$ 可由下式计算:

$$\overline{\omega}(z) = \mu_s \mu_z(z) \omega_0 \tag{3-17}$$

2) 风振系数

结构顺向的风作用可分解为平均风和脉动风。平均风的作用可通过基本风压反映,基本风压是根据 10min 平均风速确定的,虽然它已从统计的角度体现了平均重现期为 50 年的最大风压值,但它没有反映风速中的脉动成分。脉动风是一种随机动力荷载,风压脉动在高频段的峰值周期为 1 ~ 2min,一般低层和多层结构的自振周期都小于它,因此脉动影响很小,不考虑风振影响也不至于影响到结构的抗风安全性。

参考国外规范及我国建筑工程抗风设计和理论研究的实践情况,当对于基本自振周期 T 大于 0.25s 的结构,以及高度超过 30m 且宽度比大于 1.5 的高柔房屋,由风引起的结构振动比较明显,而且随着结构自振周期的增长,风振也随之增强,设计中应该考虑风振的影响;对于 T 小于 0.25s 的结构和高度小于 30m 或宽度比小于 1.5 的房屋,原则上也应考虑风振影响。

脉动风是一种随机动力作用,其对结构产生的效应需采用随机振动理论进行分析。分析结果表明,对于一般悬臂型结构,例如构架、塔架、烟囱等高耸结构,以及高度大于 30m、高宽比大于 1.5 且可忽略扭转影响的高层建筑,由于频谱比较稀疏,第一振型起到控制作用,此时可以仅考虑结构第一振型影响,通过风振系数来计算结构的风荷载。结构在 z 高度处的风振系数 β_z 可按下式计算:

$$\beta_z = 1 + 2gI_{10}B_z \sqrt{1 + R^2} \tag{3-18}$$

式中:g——峰值因子,可取 2.5;

I_{10}——10m 高度上的名义湍流强度,对应 A、B、C 和 D 类地面粗糙度,可分别取 0.12、0.14、0.23 和 0.39;

R——脉动风荷载的共振分量因子;

B_z——脉动风荷载的背景分量因子。

(1) 脉动风荷载的共振分量因子 R

脉动风荷载的共振分量因子可按下列公式计算:

$$R = \sqrt{\frac{\pi}{6\zeta_1} \cdot \frac{x_1^2}{(1 + x_1^2)^{\frac{4}{3}}}} \tag{3-19}$$

$$x_1 = \frac{30f_1}{\sqrt{k_w\omega_0}} \text{ 且 } x_1 > 5 \tag{3-20}$$

式中:f_1——结构第一阶自振频率,Hz;

k_w——地面粗糙度修正系数,对 A、B、C 和 D 类地面粗糙度,分别取 1.28、1.00、0.54 和 0.26;

ζ_1——结构阻尼比,对钢结构可取 0.01,对有填充墙的钢结构房屋可取 0.02,对钢筋混凝土及砌体结构可取 0.05,对其他结构可根据工程经验确定。

(2) 脉动风荷载的背景分量因子 B_z

脉动风荷载的背景分量因子可按下列规定确定。

①对于体型和质量沿高度均匀分布的高层建筑和高耸结构,可按下式计算:

$$B_z = kH^{a_1}\rho_x\rho_z \frac{\varphi_1(z)}{\mu_z(z)} \tag{3-21}$$

式中：$\varphi_1(z)$——结构第一振型系数；

    H——结构总高度，m，对 A、B、C 和 D 类地面粗糙度，取值分别不应大于 300m、350m、450m 和 550m；

    ρ_x——脉动风荷载水平方向相关系数，按下式确定其值：

$$\rho_x = \frac{10\sqrt{B + 50e^{-\frac{B}{50}} - 50}}{B} \tag{3-22}$$

    ρ_z——脉动风荷载竖直方向相关系数，按下式确定其值：

$$\rho_z = \frac{10\sqrt{H + 60e^{-\frac{H}{60}} - 60}}{H} \tag{3-23}$$

    k、a_1——系数，按表 3-6 确定取值。

系数 k 和 a_1 表 3-6

地面粗糙度类别		A	B	C	D
高层建筑	k	0.944	0.670	0.295	0.112
	a_1	0.155	0.187	0.261	0.346
高耸建筑	k	1.276	0.910	0.404	0.155
	a_1	0.186	0.218	0.292	0.376

②迎风面和侧风面的宽度沿高度呈直线或接近直线变化，而质量沿高度按连续规律变化的高耸结构，用式(3-21)计算的背景分量因子 B_z 应乘以修正系数 θ_B 和 θ_v。θ_B 为构筑物在 z 高度处的迎风面顶部宽度 $B(z)$ 与底部宽度 $B(0)$ 的比值；θ_v 可按表 3-7 确定。

修 正 系 数 θ_v 表 3-7

$B(H)/B(0)$	1.0	0.9	0.8	0.7	0.6	0.5	0.4	0.3	0.2	≤0.1
θ_v	1.00	1.10	1.20	1.32	1.50	1.75	2.08	2.53	3.30	5.60

3）结构振型系数

结构振型系数应根据结构动力学方法确定。

对于截面沿高度不变的悬臂型高耸结构和高层建筑，在计算顺风向响应可仅考虑第一振型的影响，根据结构的变形特点，采用近似公式计算结构振型系数。

对于高耸构筑物可按照弯曲型考虑，结构第一振型系数按下述近似公式计算：

$$\phi_1(z) = 2\left(\frac{z}{H}\right)^2 - \frac{4}{3}\left(\frac{z}{H}\right)^3 + \frac{1}{3}\left(\frac{z}{H}\right)^4 \tag{3-24}$$

$$\phi_1(z) = \frac{6z^2H^2 - 4z^3H + z^4}{3H^4} \tag{3-25}$$

对于高层建筑结构，当以剪力墙的工作为主时，可按照弯剪型考虑，结构第一振型系数按下述近似公式计算：

$$\phi_1(z) = \tan\left[\frac{\pi}{4}\left(\frac{z}{H}\right)^{0.7}\right] \tag{3-26}$$

当悬臂型高耸结构的外形由下向上逐渐收紧，截面沿高度连续规律变化时，其振型计算公式十分复杂。此时可根据结构迎风面顶部宽度 B_H 与底部宽度 B_0 的比值，按表 3-8 确定第一振型系数。

截面沿高度规律变化的高耸结构第一振型系数　　　　表 3-8

相对高度 Z/H	高耸结构 B_H/B_0				
	1.0	0.8	0.6	0.4	0.2
0.1	0.02	0.02	0.01	0.01	0.01
0.2	0.06	0.06	0.05	0.04	0.03
0.3	0.14	0.12	0.11	0.09	0.07
0.4	0.23	0.21	0.19	0.16	0.13
0.5	0.34	0.32	0.29	0.26	0.21
0.6	0.46	0.44	0.41	0.37	0.31
0.7	0.59	0.57	0.55	0.51	0.45
0.8	0.79	0.71	0.69	0.66	0.61
0.9	0.86	0.86	0.85	0.83	0.80
1.0	1.00	1.00	1.00	1.00	1.00

（1）结构基本周期经验公式

在考虑风压脉动引起的风振效应时,常常需要计算结构的基本自振周期。结构的自振周期应按照结构动力学的方法求解,无限自由度体系或多自由度体系基本自振周期的计算则很麻烦。在实际工程中,结构基本自振周期 T_1 常采用在实测基础上回归得到的经验公式近似求出。

①高耸结构

一般情况下的钢结构和钢筋混凝土结构:

$$T_1 = (0.007 \sim 0.013)H \tag{3-27}$$

式中:H——结构总高度,m。

一般情况下,钢结构刚度小,结构自振周期长,可取高值;钢筋混凝土结构刚度相对较大,结构自振周期短,可取低值。

②高层建筑

一般情况下钢结构和钢筋混凝土结构:

钢结构

$$T_1 = (0.10 \sim 0.15)n \tag{3-28}$$

钢筋混凝土结构

$$T_1 = (0.05 \sim 0.10)n \tag{3-29}$$

式中:n——建筑层数。

对钢筋混凝土框架和框剪结构可按下述公式确定:

$$T_1 = 0.25 + 0.53 \times 10^{-3} \frac{H^2}{\sqrt[3]{B}} \tag{3-30}$$

对钢筋混凝土剪力墙结构可按下述公式确定:

$$T_1 = 0.03 + 0.03 \frac{H}{\sqrt[3]{B}} \tag{3-31}$$

式中:H——房屋总高度,m;

B——房屋宽度,m。

(2)顺风向总风效应

因结构为线弹性体系,顺风向的总风效应应为顺风向平均风效应与脉动风效应的线性组合,或将顺风向平均风压(静风压)$\overline{\omega}(z)$ 与脉动风压(动风压)$\omega_d(z)$ 之和表达为顺风向总风压 $\omega(z)$,即

$$\omega(z) = \overline{\omega}(z) + \omega_d(z) = \mu_s\mu_z(z)\omega_0 + 2gI_{10}B_z\sqrt{1+R^2}\mu_z(z)\mu_s\omega_0 \tag{3-32}$$

再将式(3-32)简写为:

$$\omega(z) = \beta_z\mu_s\mu_z(z)\omega_0 \tag{3-33}$$

式中:β_z——结构在 z 高度处的风振系数,其中

$$\beta_z = 1 + 2gI_{10}B_z\sqrt{1+R^2} \tag{3-34}$$

【例3-1】 有一建在密集建筑群城市市区的6层框架结构房屋,其平面长度为45m,平面宽度为15m,底层层高为4.5m,其余层高均为3.3m。已知该地区基本风压 $\omega_0 = 0.45\text{kN/m}^2$,试计算该房屋顺风向水平风荷载标准值。

【解】 将作用在墙面沿高度方向的面分布风压简化为作用在各楼层处的集中力,受风面依计算单元选定,取为房屋纵向长度所在面;各楼层节点受风高度取为上下层高一半之和,顶层取至女儿墙顶,底层取至室外地坪。

由于该房屋高度为 $4.5 + 3.3 \times 5 = 21(\text{m})$,小于30m,且高度比小于1.5,因此取 $\beta_z = 1.0$。

体型系数 μ_s 可由《建筑结构荷载规范》(GB 50009—2012)查得:迎风面 +0.8,背风面 -0.5。

风压高度变化系数 μ_z 可根据C类地面粗糙度及各层楼面处至室外地坪高度查表3-5,用插入法确定,或按照C类地面粗糙度风压高度变化系数公式计算,结构列于表3-9。

各层楼面高度处风压标准值按 $\omega(z) = \beta_z\mu_s\mu_z\omega_0$ 计算,结果列于表3-9。

各层楼面高度处风压标准值 表3-9

楼层节点号	离地高度 $z/(\text{m})$	β_z	μ_s	μ_z	ω_0 (kN/m^2)	ω (kN/m^2)
6	21			0.75		0.44
5	17.7			0.70		0.41
4	14.4			0.65		0.38
3	11.1	1.0	1.3	0.65	0.45	0.38
2	7.8			0.65		0.38
1	4.5			0.65		0.38

各楼层受到的集中荷载为:

$$p_1 = 0.38 \times 45 \times \frac{1}{2} \times (4.5 + 3.3) = 66.69(\text{kN})$$

$$P_2 = P_3 = P_4 = 0.38 \times 45 \times \frac{1}{2} \times (3.3 + 3.3) = 56.43(\text{kN})$$

$$P_5 = 0.41 \times 45 \times \frac{1}{2} \times (3.3 + 3.3) = 60.89(\text{kN})$$

$$P_6 = 0.44 \times 45 \times \frac{1}{2} \times 3.3 = 32.67(\text{kN})$$

3.1.6 横风向风振

很多情况下,横风向力较顺风向力小得多,对于对称结构,横风向力更是可以忽略。然而,对于一些细长的柔性结构,例如高耸塔架、烟囱、缆索等,横风向力可能会产生很大的动力效应,即风振,这时,横风向效应应引起足够的重视。

横风向风振是由不稳定的空气动力特性造成的,它与结构截面形状及雷诺数有关。

在空气气流中,对流体质点起主要作用的有两种力:惯性力和黏性力。根据牛顿第二定律,作用在流体上的惯性力为单位面积上的压力 $\frac{1}{2}\rho v^2$ 乘以面积。黏性是流体抵抗剪切变形的性质,黏性越大的流体,其抵抗剪切变形的能力越大。流体黏性的大小可通过黏性系数 μ 来衡量,流体中的黏性应力为黏性系数 μ 乘以速度梯度 dv/dy 或剪切角 γ 的时间变化率,而黏性力等于黏性应力乘以面积。

工程科学家雷诺在 19 世纪 80 年代,通过大量试验,首先给出了以惯性力与黏性力之比为参数的动力相似定律,该参数以后被命名为雷诺数。只要雷诺数相同,流体动力便相似。以后发现,雷诺数也是衡量平滑动的层流向混乱无规则的湍流转化的尺度。

因为惯性力的量纲为 $\rho v^2 l^2$,而黏性力的量纲是黏性力应力 $\mu \frac{v}{l}$ 乘以面积 l^2,故雷诺数 Re 的定义为:

$$Re = \frac{\rho v^2 l^2}{\mu \frac{v}{l} l^2} = \frac{\rho v l}{\mu} = \frac{vl}{x} \tag{3-35}$$

式中 $x = \mu/\rho$ 为动黏性,它等于绝对黏性 μ 除以流体密度 ρ;对于空气,其值为 $0.145 \times 10^{-4} \mathrm{m}^2/\mathrm{s}$。将该值代入上式,并用垂直于流速方向物体截面的最大尺度 B 代替上式的 l,则式(3-35)成为:

$$Re = 69000vB \tag{3-36}$$

由于雷诺数的定义是惯性力和黏性力之比,因而如果雷诺数很小,如小于 1/1000,则惯性力与黏性力相比可以忽略,即意味着高黏性行为。相反,如果雷诺数很大,如大于 1000,则意味着黏性力影响很小,空气流体的作用一般是这种情况,惯性力起主要作用。

为说明横风向共振的产生,以圆柱体为例。当空气流绕过圆柱体截面时如图 3-3a)所示,沿上风面 AB 速度逐渐增大,但实际上由于在边界层内气流对柱体表面的摩擦要消耗部分能量,因此气流实际上是在 BC 中间某点 S 处速度停滞,旋涡就在 S 点生成,并在外流的影响下,以一定的周期脱落,如图 3-3b)所示。这种现象称为"卡门涡街"。设旋涡脱落频率为 f_s,大量试验表明,旋涡脱落频率 f_s 与平均风速 v 成正比,与截面的直径 D 成反比,这些变量之间满足如下关系:$S_t = f_s D/v$,其中,S_t 是斯脱罗哈数,其值仅决定于结构断面形状和 Re。

情况一:当 $Re < 3 \times 10^5$ 时,旋涡周期性脱落现象很明显,会产生亚临界的微风共振。应控制结构顶部风速 v_H 不超过临界风速 v_{cr},以防止共振产生。

v_H 及 v_{cr} 可按下列公式确定:

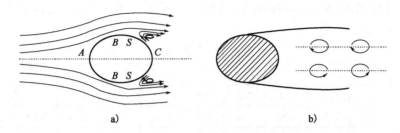

$$a) \qquad\qquad b)$$

图 3-3 圆柱体横风向风振产生机理

$$v_{\mathrm{H}} = \sqrt{\frac{2000\mu_{\mathrm{H}}\omega_0}{\rho}} \tag{3-37}$$

$$v_{\mathrm{cr}} = \frac{D}{T_i S_{\mathrm{t}}} \tag{3-38}$$

式中：ω_0——基本风压，$\mathrm{kN/m^2}$；

μ_{H}——结构顶部的风压高度系数；

ρ——空气密度，$\mathrm{kN/m^3}$，一般情况下取 $1.25\mathrm{kN/m^3}$；

T_i——结构第 i 振型的自振周期，当验算亚临界微风共振时取结构基本自振周期 T_1；

S_{t}——斯脱罗哈数，对圆截面结构取 0.2。

若结构顶部风速 v_{H} 超过临界风速时，可在构造上采取防振措施，或控制结构的临界风速 v_{cr} 不小于 $15\mathrm{m/s}$。

情况二：当 $3 \times 10^5 \leqslant Re < 3.5 \times 10^6$ 时，处于超临界范围。此时，圆柱体尾流在分离后十分紊乱，旋涡脱落比较随机，没有明显的周期，不会产生共振现象，且风速不是很大，工程上一般不考虑横风向振动。

情况三：当 $Re \geqslant 3.5 \times 10^6$ 时，旋涡脱落又出现大致的规则性。当结构顶部风速 v_{H} 的 1.2 倍大于 v_{cr} 时，会出现跨临界的强风共振，结构有可能出现严重的振动，甚至会造成破坏，因此应对结构的承载力进行验算。

此时，风荷载总效应 S 可将横风向荷载效应与顺风向荷载效应按下式组合后确定：

$$S = \sqrt{S_{\mathrm{C}}^2 + S_{\mathrm{A}}^2} \tag{3-39}$$

式中：S——风荷载总效应；

S_{C}——横风向风荷载效应；

S_{A}——顺风向风荷载效应。

在确定横风向风荷载效应时，由跨临界强风共振引起在 z 高度处振型 j 的等效风荷载可由以下公式计算：

$$\omega_{czj} = \frac{|\lambda_j|v_{\mathrm{cr}}^2\varphi_{zj}}{12800\zeta_j} \tag{3-40}$$

式中：ω_{czj}——跨临界强风共振引起在 z 高度处振型 j 的等效风荷载，$\mathrm{kN/m^2}$；

λ_j——计算系数，按表 3-10 确定；

v_{cr}——根据式（3-38）确定的临界风速；

φ_{zj}——在 z 高度处结构的振型 j 的振型系数；

ζ_j——第 j 振型的阻尼比；对第一振型，钢结构构筑物取 0.01，钢结构房屋取 0.02，混凝土结构取 0.05;对高振型的阻尼比,若无实测资料,可近似按第一振型的值取用。

λ_j 计 算 用 表

λ_j 计 算 用 表   表 3-10

结构类型	振型序号	H_1/H										
		0	0.1	0.2	0.3	0.4	0.5	0.6	0.7	0.8	0.9	1.0
高层建筑	1	1.56	1.55	1.54	1.49	1.42	1.31	1.15	0.94	0.68	0.37	0
	2	0.83	0.82	0.76	0.60	0.37	0.09	−0.16	−0.33	−0.38	−0.27	0
	3	0.52	0.48	0.32	0.06	−0.19	−0.30	−0.21	0.00	0.20	0.23	0
	4	0.30	0.33	0.02	−0.20	−0.23	0.03	0.16	0.15	−0.05	−0.18	0
高耸建筑	1	1.56	1.56	1.54	1.49	1.41	1.28	1.12	0.91	0.65	0.35	0
	2	0.73	0.72	0.63	0.45	0.19	−0.11	−0.36	−0.52	−0.53	−0.36	0

表中的 H_1 为临界风速起始点高度,可按下式确定:

$$H_1 = H \left(\frac{v_{cr}}{1.2 v_H} \right)^{1/\alpha} \tag{3-41}$$

式中:α——地面粗糙度指数,对 A、B、C 和 D 四类地面粗糙度,分别取 0.12、0.16、0.22 和 0.3;

v_H——结构顶部风速,m/s。

对非圆形截面的结构,横向风振的等效风荷载宜通过空气弹性模型的风洞试验确定,也可以参考其他资料。

3.1.7 桥梁风荷载

风荷载是桥梁结构的重要荷载之一,尤其是对于大跨径的斜拉桥和悬索桥,风荷载往往起着决定作用。风荷载已成为其支配性的荷载,甚至控制大桥主梁断面和桥型的选择。桥梁结构的风荷载一般由三部分组成,一是平均风作用;二是脉动风的背景脉动作用;三是脉动风诱发抖振而产生的惯性力作用,它是脉动风谱和结构自振频率相近部分发生的共振响应。

根据上面几个小单元的分析,风是空气的流动,它有重量,也有速度,自然会对构造物产生一定的压力,包括静压力和动压力。下面介绍桥梁结构横桥向和顺桥向风荷载标准值计算方法。

1)主梁上的静阵风荷载

在横桥向风作用下主梁单位长度上横向静阵风荷载可按式(3-42)计算:

$$F_H = \frac{1}{2} \rho V_g^2 C_H H \tag{3-42}$$

式中:F_H——作用在主梁单位长度上的静阵风荷载,N/m;

ρ——空气密度,kg/m³,取为 1.25;

V_g——静阵风风速,m/s;

C_H——主梁的阻力系数;

H——主梁投影高度,m,宜计入栏杆或防撞护栏以及其他桥梁附属物的实体高度。

2）静阵风风速

静阵风风速可按式(3-43)计算：

$$V_{\mathrm{g}} = G_{\mathrm{v}} V_{\mathrm{Z}} \tag{3-43}$$

式中：V_{g}——静阵风风速，m/s；

　　　G_{v}——静阵风系数，可按照表3-11取值；

　　　V_{Z}——基准高度 Z 处的风速，m/s。

静阵风系数 G_{v} 表3-11

地 表 类 别	水平加载长度（m）											
	<20	60	100	200	300	400	500	650	800	1000	1200	>1500
A	1.29	1.28	1.26	1.24	1.23	1.22	1.21	1.20	1.19	1.18	1.17	1.16
B	1.35	1.33	1.31	1.29	1.27	1.26	1.25	1.24	1.23	1.22	1.21	1.20
C	1.49	1.48	1.45	1.41	1.39	1.37	1.36	1.34	1.33	1.31	1.30	1.29
D	1.56	1.54	1.51	1.47	1.44	1.42	1.41	1.39	1.37	1.35	1.34	1.31

注：1. 成桥状态下，水平加载长度为主桥全长。

　　2. 桥塔自立阶段的静阵风系数按水平加载长度小于20m选取。

　　3. 悬臂施工中的桥梁的静阵风系数按水平加载长度为该施工状态已拼装主梁的长度选取。

3）主梁的阻力系数

主梁的阻力系数是指作用在桥梁表面实际平均压力与来流风压之比，表示结构物或构件表面在稳定风压的静力分布规律。该系数与桥梁体型、构件断面形式等因素有关。根据理论分析和风洞试验结果，风载阻力系数可按照下列规定确定：

（1）工字形、Ⅱ形或箱形截面主梁的阻力系数 C_{H} 可按照下式计算：

$$C_{\mathrm{H}} = \begin{cases} 2.1 - 0.1\left(\dfrac{B}{H}\right) & 1 \leqslant \dfrac{B}{H} < 8 \\ 1.3 & 8 \leqslant \dfrac{B}{H} \end{cases}$$

式中：B——主梁断面全宽，m。

（2）桁架桥上部结构的风荷载阻力系数 C_{H} 见表3-12。当上部结构分为两片或两片以上桁架时，所有迎风桁架的风载阻力系数均取 ηC_{H}，η 为遮挡系数，按表3-13采用；桥面系构造的风载阻力系数采取 $C_{\mathrm{H}} = 1.3$。

桁架的风载阻力系数 C_{H} 表3-12

实 面 积 比	矩形与H形截面构件	圆柱形构件（D 为圆柱直径）	
		$D\sqrt{W_0} < 5.8$	$D\sqrt{W_0} \geqslant 5.8$
0.1	1.9	1.2	0.7
0.2	1.8	1.2	0.8
0.3	1.7	1.2	0.8
0.4	1.7	1.1	0.8
0.5	1.6	1.1	0.8

注：1. 实面积比＝桁架净面积/桁架轮廓面积。

　　2. 表中圆柱直径 D 以m计，基本风压 W_0 以 kN/m² 计，$W_0 = \gamma V_{10}^2 / 2g$。

桁架遮挡系数 η 表 3-13

间距比	实面积比				
	0.1	0.2	0.3	0.4	0.5
≤1	1.0	0.90	0.80	0.60	0.45
2	1.0	0.90	0.80	0.65	0.50
3	1.0	0.95	0.80	0.70	0.55
4	1.0	0.95	0.80	0.70	0.60
5	1.0	0.95	0.80	0.75	0.65
6	1.0	0.95	0.90	0.80	0.70

注：间距比 = 两桁架中心距/迎风桁架高度。

（3）桥墩或桥塔的风阻力系 C_H 可依据桥墩或桥塔的断面形状、尺寸比及高宽比值的不同由表 3-15 所得，表中没有包括的断面，其 C_H 值宜由风洞试验确定。

4）主梁顺桥向风荷载

（1）跨径小于 200m 的桥梁的主梁上顺向单位长度的风荷载可以按照以下两种情况选取：

①对实体桥梁截面，取其横桥向风荷载的 0.25 倍。

②对桁架桥梁截面，取其横桥向风荷载的 0.50 倍。

（2）跨径等于或大于 200m 的桥梁，当主梁为非桁架断面时，其顺桥向单位长度上的风荷载可按风和主梁上下表面之间产生的摩擦力计算：

$$F_{fr} = \frac{1}{2}\rho V_g^2 c_f s \tag{3-44}$$

式中：F_{fr}——摩擦力，N/m；

c_f——摩擦系数，按表 3-14 选取；

s——主梁周长，m。

摩擦系数 c_f 的取值   表 3-14

桥梁主梁上下表面情况	摩擦系数 c_f	桥梁主梁上下表面情况	摩擦系数 c_f
光滑表面（光滑混凝土、钢）	0.01	非常粗糙表面（加肋）	0.04
粗糙表面（混凝土表面）	0.02		

5）墩、塔、吊杆、斜拉索和主缆上的风荷载

作用于桥墩或桥塔上的风荷载可按地面或水面以上 0.65 倍墩高或塔高处的风速值确定。

桥墩、桥塔、吊杆上的风荷载，横桥向风作用下的斜拉桥斜拉索和悬索桥主缆上的静风荷载可按式（3-45）计算：

$$F_H = \frac{1}{2}\rho V_g^2 C_H A_n \tag{3-45}$$

式中：C_H——桥梁各构件的阻力系数，按表 3-15 选取；

A_n——桥梁各构件顺风向投影面积，m^2，对吊杆、斜拉索和悬索桥的主缆取为其直径乘以其投影高度。

桥墩或桥塔的阻力系数 C_H

表 3-15

平面形状	$\dfrac{t}{b}$	桥墩或桥塔的高宽比						
		1	2	4	6	10	20	40
风向 → （矩形 t,b）	≤1/4	1.3	1.4	1.5	1.6	1.7	1.9	2.1
→	1/3 1/2	1.3	1.4	1.5	1.6	1.8	2.0	2.2
→	2/3	1.3	1.4	1.5	1.6	1.8	2.0	2.2
→	1	1.2	1.3	1.4	1.5	1.6	1.8	2.0
→	3/2	1.0	1.1	1.2	1.3	1.4	1.5	1.7
→	2	0.8	0.9	1.0	1.1	1.2	1.3	1.4
→	3	0.8	0.8	0.8	0.9	0.9	1.0	1.2
→	≥4	0.8	0.8	0.8	0.8	0.8	0.9	1.1
→（菱形、圆形）		1.0	1.1	1.1	1.2	1.2	1.3	1.4
12 边形 →		0.7	0.8	0.9	0.9	1.0	1.1	1.3
光滑表面圆形且 $D\sqrt{W_0} \geqslant 5.8$ （圆形 D）		0.5	0.5	0.5	0.5	0.5	0.6	0.6
光滑表面圆形且 $D\sqrt{W_0} < 5.8$ 粗糙表面或带凸起的圆形 （圆形 D）		0.7	0.7	0.8	0.8	0.9	1.0	1.2

注:1. 上部结构架设后,应根据高宽比为 40 计算 C_H 值。

2. 对于带圆弧角的矩形桥墩,其风载阻力系数从表中查得 k_1 值后,再乘以折减系数 $(1-1.5r/b)$ 或 0.5,取两者中的较大值,其中 r 为圆弧角的半径。

3. 对于带三角尖端的桥墩,其 k_1 应包括桥墩外边缘的矩形截面计算。

4. 对于沿桥墩高度有锥度变化的桥墩,k_1 应按照桥墩高度分段计算;每段的 t 和 b 应取该段的平均值;高宽比则应以桥墩总高度对每段的平均宽度之比计算。

当悬索桥主缆的中心距为直径的 4 倍及以上时,每根缆索的风荷载宜独立考虑,单根主缆的阻力系数可取 0.7;当主缆中心距不到直径的 4 倍以上时,可按一根主缆计算,其阻力系数宜取 1.0,当悬索桥吊杆的中心距离为直径的 4 倍及以上时,每根吊杆的阻力系数可取 0.7。

斜拉桥斜拉索的阻力系数在考虑与活荷载组合时,可取为 1.0;在设计基准风速下可取 0.8。

6)顺桥向斜拉索风荷载

顺桥向风作用下的斜拉索上单位长度上的风荷载按式(3-46)计算:

$$F_H = \frac{1}{2}\rho V_g^2 C_H D \sin^2\alpha \tag{3-46}$$

式中:C_H——斜拉索的阻力系数,斜拉桥斜拉索的阻力系数在考虑与活荷载组合时,可取为 1.2,在设计基准风速下可取 0.8;

α——斜拉索的倾角,°;

D——斜拉索的直径,m。

3.2 雪 荷 载

3.2.1 基本雪压

雪压是指单位水平面上的雪重,决定雪压值大小的是积雪深度与积雪密度,因此年最大雪压 $S(\text{kN/m}^2)$ 可按下式确定:

$$S = h\rho g \tag{3-47}$$

式中:h——年最大积雪深度,指从积雪表面到地面的垂直深度,m,以每年 7 月份至次年 6 月份间的最大积雪深度确定;

ρ——积雪密度,t/m^3;

g——重力加速度 m/s^2 一般取 9.80m/s^2。

由于我国大部分气象台收集的资料是每年最大雪深的数据,缺乏相应的积雪密度数据,当缺乏同时、同地平行观测到的积雪密度时,均以当地的平均积雪密度取值。考虑到我国国土幅员辽阔,气象条件差异大,对不同的地区采用不同的积雪平均密度:东北及新疆北部地区取 0.15t/m^3;华北及西北地区取 0.13t/m^3,其中青海取 0.12t/m^3;淮河、秦岭以南地区一般取 0.15t/m^3,其中江西、浙江取 0.2t/m^3。

1)基本雪压的统计

基本雪压一般按照年最大雪压进行统计分析确定。当气象台站有雪压记录时,应直接采用雪压数据计算雪压;当无雪压和雪深资料时,可根据附近地区规定的基本雪压或间接采用长期资料,通过气象和地形条件对比分析确定。本书附表 2 给出了我国部分主要城市 50 年一遇重现期确定的基本雪压。

2)海拔高度对基本雪压的影响

海拔较高地区的温度较低,降雪机会增多,且积雪的融化缓慢,因此一般山上的积雪比附近平原地区的积雪深度大,且随着海拔高度的增加而增大。

3.2.2 屋面积雪分布系数

屋面积雪分布系数是屋面水平投影上的雪荷载与地面基本雪压的比值,实际上也就是地面基本雪压换算为屋面雪荷载的换算系数。影响屋面积雪分布系数取值的主要原因包括屋面形式、朝向、屋面散热等。

1)屋面温度对积雪的影响

冬季采暖房屋由于屋面散发的热量使部分积雪融化,同时也使雪滑移更易发生。但在檐口处通常并不加热,因此融化的雪水常常在檐口处冻结,堵塞屋面排水,对结构产生不利的荷载效应。

对于不连续加热的屋面,加热时融化的雪在不加热期间可能重新冻结,重新冻结的冰雪会降低坡屋面上的雪滑移能力,冻结的冰碴可能堵塞屋面排水,并在屋面较低处结成较厚的冰层,产生附加荷载。

2)屋面坡度对积雪的影响

屋面雪荷载分布与屋面坡度密切相关,一般随坡度的增加而减小,主要原因是风的作用和雪滑移。

当屋面坡度大到某一角度时,积雪就会在屋面上产生滑移或滑落,坡度越大,滑移的雪越多。屋面表面的光滑程度对雪滑移的影响也较大,对于铁皮、石板等屋面滑移更易发生,往往使屋面积雪全部滑落。双坡屋面向阳一侧受太阳照射,加之屋内散发的热量,使紧贴屋面的积雪融化形成润滑层,导致摩擦力减小,该侧积雪可能滑落,出现一坡有雪而另一坡无雪的不平衡雪荷载情况。

雪滑移若发生在高低跨屋面或带天窗屋面,滑落的雪堆积在与高屋面邻接的低屋面上,这种堆积可能出现很大的局部堆积荷载,结构设计时应加以考虑。

当风吹过双坡屋面时,迎风面因"爬坡风"效应风速增大,吹走部分积雪。坡度越大,这种效应越明显。而背风面风速降低,迎风面吹来的雪往往在背风面一侧屋面上飘积,引起屋面不平衡雪荷载,结构设计时应加以考虑。

因此,《建筑结构荷载规范》(GB 50009—2012)规定对不同类别的屋面,其屋面积雪分布系数 μ_r(屋面荷载与地面荷载之比)见附表3。

3)风对屋面积雪的影响

风能够把部分本将飘落在屋面上的雪吹积到附近的地面上或其他较低的物体上,这种影响称为风对雪的飘积作用。当风速较大或房屋处于暴风位置时,部分已经积在屋面上的雪也会被风吹走,从而导致平屋面或小坡度(坡度小于10°)屋面上的雪压普遍比邻近地面上的雪压要小。国外的一些研究表明,风速越大,房屋周围对风有遮挡作用的障碍物越小,飘积作用越明显。

风的飘积作用对于高低跨屋面,会将较高屋面的雪吹落在较低的屋面上,从而在较低屋面上形成局部较大的飘积雪荷载,这种飘积雪荷载的大小和分布与高低跨屋面的高差有关,积雪多按曲线分布,如图3-4a)所示。

对于多跨屋面,风的飘积作用将屋脊的部分积雪吹到屋谷附近,从而在屋谷、天沟处形成较大的局部雪荷载,如图3-4b)所示。因此,多跨屋面、曲线形屋面还需要考虑风产生的不均衡积雪荷载。

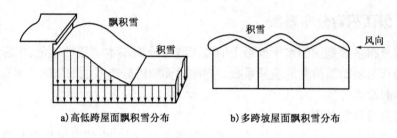

a) 高低跨屋面飘积雪分布　　　　　　b) 多跨坡屋面飘积雪分布

图 3-4　飘积雪分布

3.3　汽车荷载

汽车荷载是桥梁结构设计中最为重要的活荷载之一。在桥梁上通行的车辆有各种不同的型号和荷载等级,并随着交通运输业的发展,最高的荷载等级还将不断提高,所以需要一种既反映目前车辆荷载情况,又兼顾未来发展、便于桥梁结构设计运用的汽车荷载标准。

对于公路桥,汽车荷载指汽车、挂车、履带车等;对于铁路桥,车辆荷载指列车。在世界范围内,汽车荷载有两种形式:一种是车辆荷载,另一种是车道荷载。车辆荷载考虑车的尺寸、重量,当存在的车辆不止一辆时,还要考虑车辆的排列方式,以车轴位置集中荷载的形式作用于桥面;车道荷载则不考虑车的尺寸和排列方式,将车辆荷载等效为均布荷载和一个作用于任何位置的集中荷载来进行设计。

3.3.1　公路桥梁汽车荷载

桥梁上通行的车辆种类繁多,如汽车、平板挂车、履带车等,每种车有不同的型号和重量等级,而且随着交通、运输业的快速发展,荷载的最高等级将不断提高。在设计中不能对每一种情况都进行计算,因此,需要确定一种既可以考虑目前实际车辆重力情况又兼顾未来车辆荷载发展,且便于桥梁结构设计应用的车辆重力荷载标准。《公路桥涵设计通用规范》(JTG D60—2015)确定了公路桥涵设计时汽车荷载的计算图式、荷载等级及其标准值和加载方法。

汽车荷载分为两个等级:公路—Ⅰ级和公路—Ⅱ级,可参照表 3-16,汽车荷载有车辆荷载和车道荷载两种形式。

各级公路桥涵的汽车荷载等级　　　　　　　　　　表 3-16

公路等级	高速公路	一级公路	二级公路	三级公路	四级公路
汽车荷载等级	公路—Ⅰ级	公路—Ⅰ级	公路—Ⅱ级	公路—Ⅱ级	公路—Ⅱ级

注:二级公路为干线公路且重型车辆多时,其桥涵的设计可采用公路—Ⅰ级汽车荷载。四级公路上重型车辆少时,其桥涵设计所采用的公路—Ⅱ级车道荷载的效应可以乘以 0.8 的折减系数,车辆荷载的效应可以乘以 0.9 的折减系数。

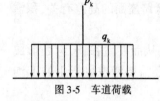

图 3-5　车道荷载

1) 车道荷载

车道荷载的计算简图如图 3-5 所示。

公路—Ⅰ级车道荷载的均布荷载标准值为 $q_k = 10.5 kN/m$;集中荷载标准值按以下规定选取:桥梁计算跨径(一般用 l 表示,它是桥梁结构受力分析时的重要参数。对于设支座的桥梁,为相邻支座中心间的水平距离,对于不设支座的桥梁,则为上、下部结构的相交面中心间的水平距离)小于或等于 $5m$ 时,$p_k = 180kN$;桥梁计算跨径等于或大于 50m 时,$p_k = 360kN$;桥梁计算跨径在 $5 \sim 50m$ 之间时,p_k 值采用直线内插求得。计算剪力效应时,上述集中荷载标准值应乘以 1.2 的系数。

公路—Ⅱ级车道荷载的均布荷载标准值 q_k 和集中荷载标准值 p_k 按公路—Ⅰ级车道荷载的 0.75 倍采用。

2)车辆荷载

桥梁结构的局部加载、涵洞、桥台和挡土墙土压力等的计算采用车辆荷载。

车辆荷载的立面、平面尺寸如图 3-6 所示,技术指标见表 3-17,其中公路—Ⅰ级和公路—Ⅱ级汽车荷载的车辆荷载标准值相同。

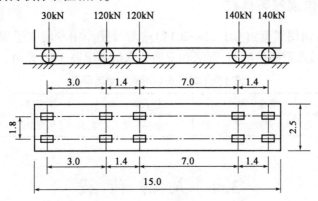

图 3-6 车辆荷载的立面、平面尺寸(尺寸单位:m)

车辆荷载的主要技术指标 表 3-17

项 目	单位	技术指标	项 目	单位	技术指标
车辆重力标准值	kN	550	轮距	m	1.8
前轴重力标准值	kN	30	前轮着地(宽×长)	m×m	0.3 ×0.2
中轴重力标准值	kN	2×120	中、后轮着地(宽×长)	m×m	0.6 ×0.2
后轴重力标准值	kN	2×140	车辆外形尺寸(长×宽)	m×m	15 ×30.2
轴距	m	3 +1.4 +7 +1.4	—	—	—

车道荷载横向分布系数应根据设计车道数按图 3-7 布置车道荷载进行计算。

3)汽车荷载折减

多车道桥涵上的汽车荷载应该考虑多车道折减。当桥涵设计车道数等于或大于 2 时,由汽车荷

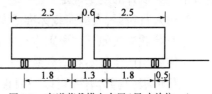

图 3-7 车道荷载横向布置(尺寸单位:m)

载产生的效应按照表 3-18 规定的多车道折减系数进行折减,但折减后的效应不得小于两设计车道的荷载效应。

横向折减系数 表 3-18

横向布置设计车道数(条)	2	3	4	5	6	7	8
横向折减系数	1.00	0.78	0.67	0.60	0.55	0.52	0.50

大跨径桥梁上的汽车荷载应考虑纵向折减。当桥梁计算跨径大于150m时,应按照表3-19规定的纵向折减系数进行折减。当为多跨连续结构时,整个结构应按照最大的计算跨径考虑汽车荷载效应的纵向折减。

纵向折减系数 表3-19

计算跨径L_0(m)	纵向折减系数	计算跨径L_0(m)	纵向折减系数
$150 < L_0 < 400$	0.97	$800 < L_0 < 1000$	0.94
$400 < L_0 < 600$	0.96	$L_0 \geqslant 1000$	0.93
$600 < L_0 < 800$	0.95		

3.3.2 城市桥梁汽车荷载

《城市桥梁设计通用规范》(CJJ 11—2011)中对可变作用专门作了规定。城市桥梁的设计车辆荷载应根据城市道路的功能、等级和发展要求做参照表3-20选用。

城市桥梁设计车辆荷载等级选用表 表3-20

城市道路等级	快速公路	主干路	次干路	支路
设计车辆荷载等级	公路—Ⅰ级或公路—Ⅱ级	公路—Ⅰ级	公路—Ⅰ级或公路—Ⅱ级	公路—Ⅱ级

3.4 人 群 荷 载

3.4.1 公路桥梁的人群荷载

在有人行道的公路桥梁上,人行道上的人群荷载与汽车荷载应同时考虑。人行道上人群荷载标准值与桥梁的计算跨径有关:计算跨径小于或等于50m时,人群荷载标准值为$3.0kN/m^2$;计算跨径等于或大于150m时,人群荷载标准值为$2.5kN/m^2$;计算跨径在50~150m时,人群荷载标准值可由直线内插法得到;跨径不等的连续结构,以最大计算跨径为准。城镇郊区行人密集地区的公路桥梁,人群荷载标准值取相应规定值的1.15倍,也可根据实际情况或参照当地城市桥梁设计的规定确定。

专用人行桥梁,人群荷载标准值参考相关国内外标准采用,取$3.5kN/m^2$。

人群荷载应按照下列原则进行布置:人群荷载在横向应布置在人行道的净宽度内,在纵向施加于使结构产生最不利荷载效应的区段内。

人行道板(局部构件)可以一块板为单元,按标准值$4.0kN/m^2$的均布荷载计算。计算人行道栏杆时,作用在栏杆立柱顶上的水平推力标准值取0.75kN/m;作用在栏杆扶手上的竖向力标准值取1.0kN/m。

3.4.2 城市桥梁人群荷载

1)城市桥梁设计时需要考虑的人群荷载

(1)人行道板(局部构件)的人群荷载分别取$5kN/m^2$的均布荷载或1.5kN的竖向集中力

作用在构件上进行计算,取其不利值。

(2)梁、桁架、拱及其他大跨结构的人群荷载需要考虑加载长度、人行道宽度,按下式计算且不得小于 $2.4kN/m^2$。

当 $l < 20m$ 时

$$\omega = 4.5 \times \frac{20 - \omega_p}{20} \tag{3-48}$$

当 $l \geqslant 20m$ 时

$$\omega = \left(4.5 - \frac{l - 20}{40}\right)\frac{20 - \omega_p}{20} \tag{3-49}$$

式中:ω——单位面积上的人群荷载,kN/m^2;

　　　l——加载长度,m;

　　　ω_p——单边人行道宽度,m,在专用非机动车桥上时宜取 1/2 桥宽,当 1/2 桥宽大于 4m 时按 4m 计。

城市桥梁在计算桥上人行道栏杆时,作用在栏杆扶手上的竖向荷载采用 $1.2kN/m$,水平向外荷载采用 $1.0kN/m$,二者分别考虑,不得同时作用;作用在栏杆立柱顶上的水平推力为 $1.0kN/m$;防撞栏杆应采用 80kN 横向集中力进行验算,作用点在防撞栏杆板中心。

2)人行天桥设计时需考虑的人群荷载

(1)人行道板(局部构件)的人群荷载应按 $5kN/m^2$ 的均布荷载或 1.5kN 的集中荷载竖向作用在构件上进行计算,取其不利值。

(2)梁、桁架、拱及其他大跨结构的人群荷载可按下式计算且不得小于 $2.4kN/m$。

当 $l < 20m$ 时

$$\omega = 5 \times \frac{20 - \omega_p}{20} \tag{3-50}$$

当 $l \geqslant 20m$ 时

$$\omega = \left(5 - \frac{l - 20}{40}\right)\frac{20 - \omega_p}{20} \tag{3-51}$$

式中:ω——单位面积上的人群荷载,kN/m^2;

　　　l——加载长度,m;

　　　ω_p——半桥宽,m,大于 4m 时按 4m 计。

3.5 楼面及屋面荷载

3.5.1 民用建筑楼面活荷载

民用建筑楼面活荷载是指建筑物中的人群、家具、设施等产生的重力荷载。由于这些荷载的量值随时间变化,位置也是可移动的,因此国际上通用活荷载表示房屋中的可变荷载。

楼面活荷载按其时间变化的特点,可分为持久性活荷载和临时性活荷载。持久性活荷载是指楼面上在某个时间段内基本保持不变的荷载,例如住宅内的家具、物品和常住人员等,这些荷载在住户搬迁入住后一般变化不大。临时性活荷载是指楼面上偶然出现的短期荷载,如聚会人群、装修的材料堆积、维修时工具和材料的堆积、秋收时的粮食堆积、室内扫除时家具的集聚等。

1)荷载取值方法

考虑到楼面活荷载在楼面位置上的任意性,同时也为了工程设计应用上方便,一般将楼面活荷载处理为楼面均布活荷载。根据楼面上人员的活动状态和设施分布情况,其活荷载标准值大致可分为7个档次。

(1)活动的人很少,如住宅、旅馆、医院、教室等,取 $2.0kN/m^2$;

(2)活动的人较多且有设备,如食堂、餐厅等在某一时段有较多的人员聚集,办公楼内的档案室、资料室可能堆积较多文件资料,取 $2.5kN/m^2$;

(3)活动的人很多或有较重的设备,如礼堂、剧场、影院的人员可能十分拥挤,公共洗衣房常常搁置较多的洗衣设备,取 $3.0kN/m^2$;

(4)活动的人较集中,有时候很拥挤或有较重的设备,如商店、展览厅既有拥挤的人群,又有较重的物品,取 $3.5kN/m^2$;

(5)活动的性质比较剧烈,如健身房、舞厅由于人的跳跃、翻滚会引起楼面瞬间振动,通常把楼面静荷载适当放大来考虑这种动力效应,应取 $4.0kN/m^2$;

(6)储存物品的仓库,如藏书库、档案库、储藏室等,柜架上往往堆满图书、档案和物品,取 $5.0kN/m^2$;

(7)有大型的机械设备,如建筑屋内的通风机房、电梯机房,因运行需要放有重型设备,取 $6.0 \sim 7.5kN/m^2$。

通过大量和长期的调查和统计,《建筑结构荷载规范》(GB 50009—2012)中对民用建筑和工业建筑中不同类别的楼面均布活荷载取值作了规定,民用建筑中不同类别的楼面均布活荷载取值和相应系数如表3-21所示。

民用建筑楼面均布活荷载的标准值及其组合值、频遇值和准永久值系数　　表3-21

项次	类　别	标准值 (kN/m^2)	组合值系数 ψ_c	频遇值系数 ψ_f	准永久值系数 ψ_q
1	(1)住宅、宿舍、旅馆、办公室、医院病房、托儿所、幼儿园 (2)教室、实验室、阅览室、会议室、医院门诊室	2.0	0.7	0.5 0.6	0.4 0.5
2	食堂、餐厅、一般资料档案室	2.5	0.7	0.6	0.5
3	(1)礼堂、剧场、影院、有固定座位的看台 (2)公共洗衣房	3.0 3.0	0.7 0.7	0.5 0.6	0.3 0.5
4	(1)商店、展览厅、车站、港口、机场大厅及其旅客候车室 (2)无固定座位的看台	3.5 3.5	0.7 0.7	0.6 0.5	0.5 0.3
5	(1)健身房、演出舞台 (2)舞台	4.0 4.0	0.7 0.7	0.6 0.6	0.5 0.3

续上表

项次	类 别	标准值 （kN/m²）	组合值系数 ψ_c	频遇值系数 ψ_f	准永久值系数 ψ_q
6	(1) 书库、档案库、储藏室 (2) 密集柜书库	5.0 12.0	0.9	0.9	0.8
7	通风机房、电梯机房	7.0	0.9	0.9	0.8
8	汽车通道及停车库 (1) 单向板楼盖（板跨不小于2m） 客车 消防车 (2) 双向板楼盖和无梁楼盖（柱网尺寸不小于 6m×6m） 客车 消防车	 4.0 35.0 2.5 20.0	 0.7 0.7 0.7 0.7	 0.7 0.7 0.7 0.7	 0.6 0.6 0.6 0.6
9	厨房： (1) 一般的 (2) 餐厅的	 2.0 4.0	 0.7 0.7	 0.6 0.7	 0.5 0.7
10	浴室、厕所、盥洗室： (1) 第一项中的民用建筑 (2) 其他民用建筑	 2.0 2.5	 0.7 0.7	 0.5 0.6	 0.4 0.5
11	走廊、门厅、楼梯： (1) 宿舍、旅馆、医院病房、托儿所、幼儿园、住宅 (2) 办公楼、教室、餐厅、医院门诊部 (3) 消防疏散楼梯、其他民用建筑	 2.0 2.5 3.5	 0.7 0.7 0.7	 0.5 0.6 0.5	 0.4 0.5 0.3

注：1. 本表所给各项活荷载适用于一般使用条件，当使用荷载较大或情况特殊时，应按实际情况采用。

2. 第6项中当书架高度大于2m时，书库活荷载应按每米书架高度不小于2.5kN/m²确定。

3. 第8项中的客车活荷载只适用于停放载人少于9人的客车；消防车活荷载是适用于满载总重为300kN的大型车辆；当不符合本表的要求时，应将车轮的局部荷载按结构效应的等效原则换算为等效均布荷载。

4. 第11项中楼梯活荷载，对预制楼梯踏步平板，应按1.5kN集中荷载验算。

5. 本表中各项荷载不包括隔墙自重和二次装修荷载，对固定隔墙的自承应按恒荷载考虑。当隔墙位置可以灵活自由布置时，非固定隔墙的自承应取每延米长墙面（kN/m）的1/3作为楼面活荷载的（kN/m²）附加值计入，附加值不小于1.0kN/m²。

2）楼面活荷载的折减

作用在楼面上的活荷载不可能以标准的大小同时布满在所有的楼面上，因此在设计梁、墙、柱和基础时，还要考虑实际荷载沿楼面分布的变化情况，即在确定梁、墙、柱和基础的荷载标准值时，还应按楼面荷载标准值乘以折减系数。折减系数的确定是一个比较复杂的问题，按照概率统计的方法来考虑实际荷载沿楼面分布的变异情况尚不成熟，目前大多数国家均采用半经验的传统方法，根据荷载从属面积的大小来考虑折减系数。

（1）国际通行做法

在国家标准 ISO 2103 中，建议按下述不同情况对楼面均布荷载乘以折减系数 λ。

①在计算梁的楼面活荷载效应时。

对住宅、办公楼等房屋或其房间，公式为：

$$\lambda = 0.3 + \frac{3}{\sqrt{A}} \qquad (A > 18\text{m}^2) \tag{3-52}$$

对公共建筑或其房间,公式为:

$$\lambda = 0.5 + \frac{3}{\sqrt{A}} \qquad (A > 18\text{m}^2) \tag{3-53}$$

式中:A——所计算梁的从属面积,指向梁两侧各延伸 1/2 梁间距范围内的实际楼面面积。

②在计算多层房屋的柱、墙和基础的楼面活荷载效应时。

对住宅、办公楼等房间,公式为:

$$\lambda = 0.3 + \frac{0.6}{\sqrt{n}} \tag{3-54}$$

对公共建筑,公式为:

$$\lambda = 0.5 + \frac{0.6}{\sqrt{n}} \tag{3-55}$$

式中:n——所计算截面以上楼层数,n≥2。

(2)我国规范规定

我国《建筑结构荷载规范》(GB 50009—2012)在借鉴国际标准的同时,结合我国设计经验作了合理的简化与修正,给出了设计楼面梁、墙、柱及基础时,不同情况下楼面活荷载的折减系数,设计时可根据不同的情况直接取用。

①设计楼面梁时的折减系数。

a. 表 3-21 中第 1(1)项当楼面从属面积超过 25m² 时,应取 0.9。

b. 表 3-21 中第 1(2)项~第 7 项当楼面梁从属面积超过 50m² 时,应取 0.9。

c. 表 3-21 中第 8 项对单向楼板盖次梁和槽形板的纵肋应取 0.8;对单向板楼盖的主梁应取 0.6;对双向楼板盖的梁应取 0.8。

d. 表 3-21 中第 9 项~第 12 项应采用与所属房屋类别相同的折减系数。

②设计墙、柱和基础时的折减系数。

a. 表 3-21 中第 1(1)项应按表 3-22 采用。

b. 表 3-21 中第 1(2)项~第 7 项应采用与其楼面梁相同的折减系数。

c. 表 3-21 中第 8 项对单向楼板盖应取 0.5;对双向板楼盖和无梁楼盖应取 0.8。

d. 表 3-21 中第 9~第 12 项应采用与所属房屋类别相同的折减系数。

活荷载按楼层的折减系数 表 3-22

墙、柱、基础计算截面以上层数	1	2~3	4~5	6~8	9~20	>20
计算截面以上各楼层活荷载总和的折减系数	1.00(0.90)	0.85	0.70	0.65	0.60	0.55

注:当楼面梁的从属面积超过 25m² 时,应用括号内系数。

3.5.2 工业建筑楼面活荷载

工业建筑楼面生产使用或安装检修时,由设备、管道、运输工具及可能拆移的隔墙产生的局部荷载,均应按实际情况考虑,可采用等效均布活荷载来代替。工业建筑楼面活荷载的组合值系数、频遇值系数和准永久值系数,除本书明确给出外,应按照实际情况采用,但在任何情况下,组合值和频遇值系数不应小于 0.7,准永久值系数不应小于 0.6。

1）工业建筑的楼面等效均布活荷载

在《建筑结构荷载规范》（GB 50009—2012）附录 C 中列出了金工车间、仪器仪表生产车间、半导体器件车间、棉纺织造车间、轮胎厂准备车间和粮食加工车间等工业建筑楼面活荷载的标准值，供设计人员设计时参照采用。

2）操作荷载及楼梯荷载

工业建筑楼面上无设备区域的操作荷载，包括操作人员、一般工具、零星原料和成品的自重，可按均布活荷载考虑，其标准一般采用 2.0kN/m^2。但堆积料较多的车间可取 2.5kN/m^2；此外有的车间由于生产的不均衡性，在某个时期的成品或半成品堆放特别严重，则操作荷载的标准值可根据实际情况确定，操作荷载的设备所占的楼面面积内不予考虑。

生产车间的楼梯活荷载标准值可按实际情况采用，但不宜小于 3.5kN/m^2。

这些车间楼面上荷载的分布形式不同，生产设备的动力性质也不尽相同，安装在楼面上的生产设备以局部荷载的形式作用于楼面，操作人员、加工材料、成品部件多为均匀分布；另外，不同用途的厂房，工艺设备动力性能各异，对楼面产生的动力效应也存在差别。为了方便起见，常将局部荷载折算成等效均布荷载，并乘以动力系数，将静力荷载适当放大，来考虑机器上楼引起的动力作用。

3）楼面等效均布活荷载的确定方法

楼面的等效均布活荷载应在其设计控制部位上，根据需要按照其内力、变形及裂缝的等效要求来确定。一般情况下，可仅按控制截面内力的等值确定。为了简化起见，在计算连续梁、板的等效均布荷载时假定结构的支承条件都为简支，并按其弹性阶段分析内力使之等效。但在计算梁、板的实际内力时仍按连续结构进行分析，并可考虑梁、板塑性内力重分布。

板面等效均布荷载按板内分布弯矩等效的原则确定，即简支板在实际的局部荷载作用下引起的绝对最大弯矩，应等于该简支板的等效均布荷载作用下引起的绝对最大弯矩。单向板上局部荷载的等效均布活荷载 q_e，可按下式计算：

$$q_e = \frac{8M_{\max}}{bl^2} \tag{3-56}$$

式中：l——板的跨度；

b——板上荷载的有效分布宽度；

$M_{\max}$——简支单向板的绝对最大弯矩，按设备的最不利布置确定，设备荷载应乘以动力系数。

4）局部荷载的有效分布宽度

计算板面等效均布荷载时，还必须明确搁置于楼面上的工艺设备局部荷载的实际作用面尺寸，作用面一般按矩形考虑，并假设荷载按 $45°$ 扩散线传递，这样可以方便地确定荷载扩散到板中性层处的计算宽度，从而确定单向板上局部荷载的有效分布宽度。单向板上局部荷载的有效分布宽度 b，可按照下列规定计算：

（1）当局部荷载作用面的长边平行于板跨时，简支板上荷载的有效分布宽度 b 为 [图 3-8a)]：

当 $b_{cx} \geqslant b_{cy}$，$b_{cy} \leqslant 0.6l$，$b_{cx} \leqslant l$ 时

$$b = b_{cy} + 0.7l \tag{3-57}$$

当 $b_{cx} \geqslant b_{cy}$，$0.6l < b_{cy} \leqslant l$，$b_{cx} \leqslant l$ 时

$$b = 0.6b_{cy} + 0.94l \tag{3-58}$$

（2）当荷载作用面的长边垂直于板跨时，简支板上荷载的有效分布宽度 b 为［图3-8b)］：

当 $b_{cx} < b_{cy}, b_{cy} \leqslant 2.2l, b_{cx} \leqslant l$ 时

$$b = \frac{2}{3}b_{cy} + 0.73l \tag{3-59}$$

当 $b_{cx} < b_{cy}, b_{cy} > 2.2l, b_{cx} \leqslant l$ 时

$$b = b_{cy} \tag{3-60}$$

式中：l——板的跨度；

b_{cx}——荷载作用面平行于板跨的计算宽度；

b_{cy}——荷载作用面垂直于板跨的计算宽度。

而

$$b_{cx} = b_{tx} + 2s + h \tag{3-61}$$

$$b_{cy} = b_{ty} + 2s + h \tag{3-62}$$

式中：b_{tx}——荷载作用面平行于板跨的宽度；

b_{ty}——荷载作用面垂直于板跨的宽度；

s ——垫层厚度；

h ——板的厚度。

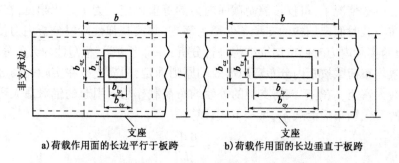

a) 荷载作用面的长边平行于板跨　　b) 荷载作用面的长边垂直于板跨

图3-8　简支板上局部荷载的有效分布宽度

对于不同用途的工业厂房，板、次梁和主梁的等效均布荷载的比值没有共同的规律，难以给出统一的折减系数。因此，《建筑结构荷载规范》（GB 50009—2012)对板、次梁和主梁分别列出了等效均布荷载的标准值，对于多层厂房的柱、墙和基础不考虑按楼层数的折减。不同用途的工业建筑，其工艺设备的动力性质不尽相同，一般情况下，《建筑结构荷载规范》（GB 50009—2012)所给出的各类车间楼面活荷载取值中已考虑动力系数 1.05 ~ 1.10，对于特殊的专用设备和机器可提高到 1.20 ~ 1.30。

3.5.3　屋面活荷载

房屋建筑中，一般屋面活荷载由屋面均布活荷载、雪荷载和积灰荷载组成。

1）屋面均布活荷载

屋面可分为上人屋面和不上人屋面两种。上人屋面除了考虑施工或检修荷载外，还要考虑可能出现的聚集人群的荷载，《建筑结构荷载规范》（GB 50009—2012)中规定了工业建筑和民用建筑房屋的屋面水平投影面上的均布活荷载及其相应系数，按照表3-23 采用。

屋面均布活荷载   表3-23

项目	类别	标准值(kN/m²)	组合值系数ψ_c	频遇值系数ψ_f	准永久值系数ψ_q
1	不上人屋面	0.5	0.7	0.5	0
2	上人屋面	2.0	0.7	0.5	0.4
3	屋顶花园	3.0	0.7	0.6	0.5

注:1. 不上人屋面,当施工或维修荷载较大时,应按照实际的情况采用;对不同的结构应按有关设计规范的规定,将标准值作0.2kN/m²的增减。

2. 上人的屋面,当兼作其他用途时,应按照相应楼面活荷载采用。

3. 对于因屋面排水不畅、堵塞等引起的积水荷载,应采取构造措施施加防范;必要时,应按照积水的可能深度确定屋面活荷载。

4. 屋顶花园活荷载不包括花圃土石等材料自重。

屋面直升机停机坪荷载应根据直升机总重按局部荷载考虑,同时其等效均布荷载不低于5.0kN/m²。局部荷载应按照直升机实际最大质量确定,当没有机型技术资料时,一般可依据轻、中、重三种类型的不同要求,按下述规定选取局部荷载标准值及作用面积。

(1)轻型,最大起飞质量为2t,局部荷载标准值取20kN,作用面积0.20m×0.20m。

(2)中型,最大起飞质量为4t,局部荷载标准值取40kN,作用面积0.25m×0.25m。

(3)重型,最大起飞质量为6t,局部荷载标准值取60kN,作用面积0.30m×0.30m。

2)积灰荷载

冶金、铸造、水泥等行业在生产时,易在其厂房和邻近建筑的屋面产生积灰荷载,进行建筑结构设计时,必须考虑其存在的影响。确定积灰荷载只有在考虑工厂设有一般的除尘装置,且能在正常的清灰制度的前提下才有意义。通过对全国相关的冶金企业、机械工厂、铸造车间和水泥厂的相关系统调查和实测,得到影响积灰的主要因素包括:除尘设置的使用维修状况、清灰制度的执行情况、风向和风速、烟囱高度、屋面坡度和屋面挡风板等。

《建筑结构荷载规范》(GB 50009—2012)规定,在设计生产中有大量的排灰厂房及其邻近建筑时,对于具有一定除尘设施和保证清灰制度的机械、冶金、水泥等的厂房屋面,其水平投影上的屋面积灰荷载标准值及其组合值系数、频遇值系数和准永久值系数应按表3-24和表3-25采用。

屋面积灰荷载   表3-24

项次	类别	标准值(kN/m²)			组合值系数ψ_c	频遇值系数ψ_f	准永久值系数ψ_q
		屋面无挡风板	屋面有挡风板				
			挡风板内	挡风板外			
1	机械厂铸造车间(冲天炉)	0.5	0.75	0.30	0.9	0.9	0.8
2	炼钢车间(氧气转炉)	—	0.75	0.30			
3	锰、铬铁合金车间	0.75	1.00	0.30			
4	硅、钨铁合金车间	0.30	0.50	0.30			
5	烧结室、一次混合室	0.50	1.00	0.20			
6	烧结厂通廊及其他车间	0.30	—	—			
7	水泥厂有灰源车间(窑房、磨房、联合储库、烘干房、破碎房)	1.00	—	—			

项次	类　别	标准值/(kN/m²)			组合值系数 ψ_c	频遇值系数 ψ_f	准永久值系数 ψ_q
		屋面无挡风板	屋面有挡风板				
			挡风板内	挡风板外			
8	水泥厂无灰源车间 (空气压缩机站、机修间、 材料库、配电站)	0.50	—	—	0.9	0.9	0.8

注:1. 表中的积灰均布荷载,仅适用于屋面坡度 α≤25°;当 α≥45°时,可不考虑积灰荷载;当 25°<α<45°时,可按直线内插法取值。

2. 清灰设施的荷载另行考虑。

3. 对 1~4 项的积灰荷载,仅应用于距烟囱中心 20m 半径的范围内的屋面;当邻近建筑在该范围时,其积灰荷载对第 1、3、4 项应按车间无挡风板的采用,对第 2 项应按车间屋面挡风板外的采用。

高炉临近建筑的屋面积灰荷载　　　　　　　　　　表 3-25

高炉容积(m³)	标准值(kN/m²)			组合值系数 ψ_c	频遇值系数 ψ_f	准永久值系数 ψ_q
	屋面离高炉的距离(m)					
	≤50	100	200			
<255	0.50	—	—	1.0	1.0	1.0
255~620	0.75	0.30				
>620	1.00	0.50	0.30			

注:1. 表中的积灰均布荷载,仅适用于屋面坡度 α≤25°;当 α≥45°时,可不考虑积灰荷载;当 25°<α<45°时,可按直线内插法取值。

2. 清灰设施的荷载另行考虑。

3. 当邻近建筑屋面离高炉距离为表内中间值时,可按直线内插法取值。

对于屋面上易形成灰堆处,当设计屋面板、檩条时,积灰荷载标准值可以乘以以下规定的增大系数:

(1)在高低跨处两倍于屋面高差但不大于 6.0m 的分布宽度内取 2.0。

(2)在天沟处不大于 3.0m 的分布宽度内取 1.4。

积灰荷载应与雪荷载或不上人屋面均布活荷载两者中的较大值同时考虑。

3.5.4　施工荷载、检修荷载和栏杆水平荷载

(1)设计屋面板、檩条、钢筋混凝土挑檐、悬挑雨篷和预制小梁时,施工或检修集中荷载标准值应该取 1.0kN,并应在最不利位置处进行验算。对于轻型构件或较宽构件,当施工荷载超过上述荷载时,应按照实际情况验算,或采用加垫板、支承等临时设计承重。

(2)当计算挑檐、悬挑雨篷的承载力时,应沿板宽每隔 1.0m 取一个集中荷载;在验算挑檐、悬挑雨篷的倾覆时,应沿板宽每隔 2.5~3.0m 取一个集中荷载。

(3)对于房屋建筑的楼梯、看台、阳台和上人屋面等的栏杆顶部水平荷载应按下列规定采用:

①住宅、宿舍、办公楼、旅馆、医院、托儿所、幼儿园,应取 0.5kN/m;

②学校、食堂、剧场、电影院、车站、礼堂、展览馆或体育场,应取 1.0kN/m。

其中施工荷载、检修荷载和栏杆水平荷载的组合值系数应取 0.7,频遇值系数应取 0.5,准

永久值系数应取0。

当采用荷载准永久组合时,不考虑施工荷载、检修荷载和栏杆水平荷载。

3.6 吊车荷载

3.6.1 吊车工作制等级和工作级别

工业厂房因工艺上的要求常设有桥式吊车,厂房结构设计应考虑吊车荷载的作用。计算吊车荷载时,以往是根据吊车工作的频繁程度将吊车工作制度分为轻级、中级、重级和超重级四种工作制,如水电站、机械维修车间的吊车满载机会少,运行速度低且不经常使用,属轻级工作制;机械加工车间、装配车间的吊车属中级工作制;冶炼车间、轧钢车间等连续生产的吊车属重级或超重级工作制。按吊车在使用期间内可能完成的总工作循环次数分成10个使用等级,又按照吊车荷载达到其额定值的频繁程度分成4个荷载状态(轻、中、重、超重)。根据要求的使用等级和荷载状态,确定吊车的工作级别,共分为8个级别,作为吊车的设计依据。

这样的工作级别划分原则上也适用于厂房的结构设计。虽然根据过去的设计经验,在按吊车荷载设计结构时,仅参考吊车的荷载状态将其划分为轻、中、重和超重4级工作制,而不考虑吊车的利用因素,这样做也并不会影响到厂房的结构设计。但是,在执行国家标准《起重机设计规范》(GB/T 3811—2008)以来,所有吊车的生产和订货,项目的工艺设计以及土建原始资料的提供都以吊车的工作级别为依据,因此在吊车荷载的规定中也相应改用按工作级别划分。工作级别与以往采用的工作制等级的对应关系如表3-26所示。

吊车的工作制等级与工作级别的对应关系　　　　　表3-26

工作制等级	轻级	中级	重级	超重级
工作级别	A1 ~ A3	A4,A5	A6,A7	A8

3.6.2 吊车竖向荷载和水平荷载

1)吊车竖向荷载计算

桥式吊车由大车(桥架)和小车组成,大车在吊车梁的轨道上沿厂房纵向行驶,小车在大车的轨道上沿厂房横向运行,带有吊钩的起重卷扬机安装在小车上,当小车吊有额定的最大起重量开到大车某一极限位置时(图3-9),一侧的每个大车轮压即为吊车的最大轮压标准值$p_{\mathrm{max,k}}$,另一侧的每个大车轮压即为吊车的最小轮压标准值$p_{\mathrm{min,k}}$。设计中吊车竖向荷载标准值应采用吊车最大轮压和最小轮压,其中最大轮压在吊车生产厂提供的各类型吊车技术规格中已明确给出,或一般由工艺提供,或可查阅产品手册得到。但最小轮压则往往需由设计者自行计算,其计算公式如下。

(1)对每端有两个车轮的吊车(如电动车单梁起重机、起重量不大于50t的普通电动吊钩式起重机等),其最小轮压为:

$$p_{\min} = \frac{G + Q}{2}g - p_{\max} \qquad (3\text{-}63)$$

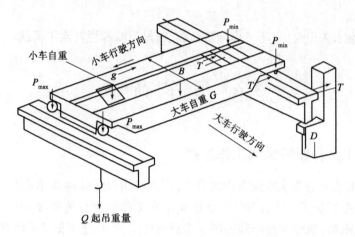

图 3-9　吊车荷载示意图

（2）对每端有 4 个车轮的吊车（如起重量超过 50t 的普通电动吊车桥式起重机等），其最小轮压为：

$$p_{min} = \frac{G + Q}{4}g - p_{max} \tag{3-64}$$

式中：p_{min}——吊车的最小轮压，kN；

　　　p_{max}——吊车的最大轮压，kN；

　　　G——吊车的总质量，t；

　　　Q——吊车的额定起重量，t；

　　　g——重力加速度，m/s²，一般取 9.81m/s²。

吊车荷载是移动的，利用结构力学中影响线的概念，即可求出通过吊车梁作用于排架柱上的最大竖向荷载和最小竖向荷载，进而求得排架结构的内力。

2）吊车水平荷载标准值

吊车水平荷载有纵向和横向两种，分别由吊车的大车和小车的运行机构再启动的或制动时引起的惯性力产生，惯性力为允许质量与运行的加速度的乘积，但必须通过制动轮与钢轨间的摩擦传递给厂房结构。吊车水平荷载取决于制动轮的轮压和它与钢轨间的滑动摩擦系数，综合考虑各种因素，这个系数取 0.1。因此，吊车纵向水平荷载标准值，应按照作用在一边轨道上的所有制动轮最大轮压之和的 10% 采用；该项荷载的作用点位于制动轮与轨道的接触点，其方向与轨道方向一致，需要说明的是，一般来说桥式吊车的制动轮为总轮数的一半。

吊车横向水平荷载是当小车吊有额定最大起重量时，小车运行机构启动或制动所引起的水平惯性力，它通过的小车制动轮与桥架轨道之间的摩擦力传给大车，等分于桥架两端，分别由大车两侧的车轮平均传至吊车梁上的轨道，再由吊车梁与柱的连接钢板传给排架，吊车水平荷载的方向与轨道垂直，并应考虑正反两个方向的制动情况。吊车横向水平荷载标准值可按下式计算。

$$H = \alpha_H(Q + G_1)g \tag{3-65}$$

式中：H——吊车横向水平荷载标准值；

　　　α_H——系数，对软钩吊车；当额定起重量不大于 10t 时，应取 0.12；当额定起重量不小于 75t 时，应取 0.08；对硬钩吊车应取 0.20；

Q——吊车的额定起重量；

G_1——横行小车质量。

3) 多吊车的组合

设计厂房的吊车梁和排架时，若厂房内设有多台吊车，对于某一个结构构件，这些吊车不一定能同时使该构件产生效应(内力、变形等)，因此要根据所计算的结构构件能同时产生荷载效应的吊车台数考虑参与组合的吊车台数。参与组合的吊车台数主要取决于柱距大小和厂房的跨数，其次是各吊车同时聚集在同一柱距的可能性。根据实际观察，在同一跨度内，2台吊车以邻接距离运行的情况还是常见的，但3台吊车相邻运行却很少见，即使发生，由于柱距所限，能产生影响的也只是2台。因此，对单跨厂房设计时最多考虑2台吊车。对于多跨厂房，在同一柱距内同时出现超过2台吊车的机会增加。但考虑隔跨吊车对结构的影响减弱，为了计算上的方便，容许在计算吊车竖向荷载时，最多只考虑4台吊车；而在计算吊车水平荷载时，由于同时制动的机会很少，容许最多只考虑2台吊车。这里应该注意当情况特殊时，应按照实际情况考虑。

按上述方法确定的吊车荷载，无论是2台还是4台吊车所引起的，都按照同时满载，且其小车位置都按同时处于最不利的极限工作位置上考虑。实际上，这种最不利情况是不太可能出现的。对不同的工作制的吊车，其吊车荷载有所不同，即不同吊车有各自的满载概率，而2台或者4台同时满载，且小车又同时处于最不利位置的概率就更小，表3-27给出了多台吊车的荷载折减系数，这个折减系数是从概率观点考虑多台吊车共同作用时的吊车荷载效应相对于最不利效应的折减。

多台吊车的荷载折减系数　　　　　　表3-27

参与组合的吊车数	吊车工作级别	
	A1 ~ A5	A6 ~ A8
2	0.90	0.95
3	0.85	0.90
4	0.80	0.85

注：对于多层吊车的单跨或多跨厂房，计算排架时，参与组合的吊车台数及荷载的折减系数，应按实际情况考虑。

3.6.3 吊车荷载的动力系数

吊车荷载的动力系数，主要是考虑吊车在运行时对吊车梁及其连接的动力影响。根据调查了解，产生动力的主要原因是吊车轨道接头的高低不平和工件翻转时的振动。《建筑结构荷载规范》(GB 50009—2012)规定：当计算吊车梁及其连接的强度时，吊车竖向荷载应乘以动力系数。对悬挂吊车(包括电动葫芦)及工作级别为A1 ~ A5的软钩吊车，动力系数可取1.05；对工作级别为A6 ~ A8的软钩吊车、硬钩吊车和其他吊车，动力系数可取为1.1。

3.6.4 吊车荷载的组合值、频遇值及准永久值

处于工作状态的吊车，一般很少会持续地停留在某一个位置上，所以在正常条件下，吊车荷载的作用都是短时间的。因此，厂房排架设计时，在荷载准永久组合中不考虑吊车荷载。但在吊车梁正常使用极限状态设计时，可采用吊车荷载的准永久值，这是考虑空载吊车经常被安置在指定位置的情况。

吊车荷载组合值、频遇值及准永久值系数可按表 3-28 采用。

吊车荷载的组合值、频遇值及准永久值系数   表 3-28

吊车工作级别		组合值系数 ψ_c	频遇值系数 ψ_f	准永久值系数 ψ_q
软钩吊车	工作级别 A1～A3	0.7	0.6	0.5
	工作级别 A4,A5	0.7	0.7	0.6
	工作级别 A6,A7	0.7	0.7	0.7
硬钩吊车及工作级别 A8 的软钩吊车		0.95	0.95	0.95

3.7 波 浪 荷 载

波浪是液体自由表面在外力作用下产生的周期性起伏波动,它是液体质点振动的传播现象。

3.7.1 波浪分类

波浪具有波的一切特性,描述波浪运动性质和形态的要素包括:波长 λ、周期 τ、波幅 h(波浪力学中称为浪高)、波浪中心线高出静水面的高度 h_0,如图 3-10 所示。影响波浪的形状和各参数值的因素有:风速 v、风的持续时间 t、水深 H 和吹程 D(吹程等于岸边到构筑物的直线距离)。目前确定的波浪各要素的方法主要采用半经验公式。

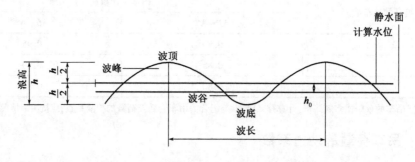

图 3-10 波浪参数

影响波浪性质的因素多为不确定因素。现行波浪的分类方法有以下几种。

第一种分类:海洋表面的波浪按频率(或周期)排列来分类。

第二种分类:根据干扰力来分类,如风成波、潮汐波、船行波等。

第三种分类:把波分成自由波和强迫波。自由波是指波动与干扰无关而只受水性质的影响,当干扰力消失后,波的传播和演变依靠惯性力和重力作用继续运动;强迫波的传播既受干扰力的影响又受水性质的影响。

第四种分类:根据波浪前进时是否有流量产生,把波分为输移波和振动波。输移波指波浪传播时伴随有流量,而振动波传播时则没有流量产生。振动波根据前进的方向又可以分为推进波和立波,推进波是向前推进的,有水平方向的运动,立波不再向前推进,没有水平方向的运动。

如果考虑水深的不同对波浪的影响,还可以分为深水波和浅水波。深水波指水域底部对波浪运动的形成无影响,浅水波指水域底部对波浪运动的形成产生影响。

3.7.2 波浪荷载的计算

近海建筑物及构筑物(码头、护岸、采油平台等)都需要计算波浪荷载。波浪荷载不仅与波浪本身的特性有关,还与建、构筑物的形式、受力特性、当地的地形地貌、海底坡度等有关。根据经验,一般情况下当波高度超过 0.5m 时,应考虑波浪对构筑物的作用力。对不同形式的构筑物如表 3-29 所示,波浪荷载的计算方法也不同。

构筑物的类型   表 3-29

类型	直墙或斜坡	桩柱	墩柱
L/λ	$L/\lambda > 1$	$L/\lambda < 0.2$	$0.2 < L/\lambda < 1$

注:L-构筑物的水平轴线长度;λ-波浪长度。

1)直墙上的波浪荷载

一般应按三种波浪进行设计:

立波——原始推进波冲击垂直墙面后与反射波互相叠加形成的干涉波;

近区破碎波——在距直墙附近半个波长范围内发生破碎的波;

远区破碎波——在距直墙半个波长外发生破碎的波。

(1)立波的压力

Sainflow 方法作为计算直墙上立波荷载最古老、最简单的方法,所求解的是有限水深立波的一次近似解,它的适用范围为相对水深 H/λ 介于 $0.135 \sim 0.20$ 之间,波陡 $h/\lambda \leqslant 0.035$。若水深增大,$H/\lambda$ 增大,计算结果偏大。

以下介绍给定安全系数的 Sainflow 方法的简化压强计算公式。

①波峰压强。

静水面处的波浪压力强度为:

$$p_1 = (p_2 + \gamma H) \frac{h + h_0}{h + H + h_0} \tag{3-66}$$

其中,波峰时水底处波压力强度为:

$$p_2 = \frac{\gamma h}{\cosh \dfrac{2\pi H}{\lambda}} \tag{3-67}$$

$$h_0 = \frac{\pi h^2}{\lambda} \coth \frac{2\pi H}{\lambda} \tag{3-68}$$

式中:λ——水的重度,kN/m^3。

②波谷压强。

静水面下 $h - h_0$ 处的波压为:

$$p_1' = \gamma(h - h_0) \tag{3-69}$$

波谷时水底处波压力强度为:

$$p_2' = p_2 = \frac{pgh}{\cosh \frac{2\pi H}{\lambda}} \qquad (3\text{-}70)$$

当相对水深 $H/\lambda > 0.2$ 时,采用 Sainflow 方法计算出的波峰立波压强将显著偏大,应采取其他方法确定。

(2)远破波的压力

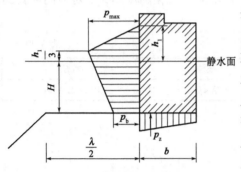

图 3-11　远破波在直墙上的压强分布

如果直墙处海底有斜坡,使直墙水深减小,则波浪将在抵达直墙以前发生破碎。如果波浪发生破碎的位置距离直墙在半个波长范围以外,这种破碎波就称为远破波。远破波对直墙的作用力相当于一般水流冲击直墙时产生的水压力。试验表明,这种压力的最大值出现在静水面以上 $h_1/3$(h_1 为远破波的波高)处。其沿直墙的压力分布如图 3-11 所示:向下从最大压力开始按线性递减,墙底处压力减为最大压力的 $1/2$;向上也按线性递减,至静水面以上 $z = h_1$ 处波压力变为 0。

作用在直墙上的最大压强为:

$$p_{max} = k\rho g \frac{v^2}{2g} \qquad (3\text{-}71)$$

式中:k——试验资料确定的常数,一般取 1.7;

ρ——水的密度;

v——波浪冲击直墙时的水流速度;

g——重力加速度。

Plakida 根据试验研究,认为波浪冲击直墙时的水流速度可取为:

$$v = \sqrt{gH} \qquad (3\text{-}72)$$

在破碎波冲击直墙时,墙前水深 H 不易确定,出于安全考虑,建议取 $H = 1.8h$,得最大压强为:

$$p_{max} = k\rho g \frac{v^2}{2g} = 1.5\rho gh \qquad (3\text{-}73)$$

墙底处的波压强为:

$$p_b = \frac{\rho gh_1}{\cosh \frac{2\pi H}{\lambda_1}} \qquad (3\text{-}74)$$

若堤前海岸比较平缓,取 $h_1 = 0.65H$;若堤前海岸有坡度 m,则 $h_1 = 0.65H + 0.5\lambda_1 m$。图 3-11 中 H 为墙前水深,h_1 为直墙前的波面高度与静水面高度之差。λ_1 为直墙前远破波的波长,由下式计算得到:

$$\lambda_1 = \lambda \tanh \frac{2\pi H_1}{\lambda_1} \qquad (3\text{-}75)$$

墙底的浮托力为:

$$p_z = 0.7 \frac{p_b b}{2} \tag{3-76}$$

式中:b——直墙的厚度,m。

（3）近破波的压力

当波浪在墙前半个波长范围以内破碎时,这种破碎波称为近破波。波浪打击在堤墙上会对墙体产生一个瞬时的动水压力,持续时间很短,但数值可能很大,这种情况并不会经常发生,但进行构筑物设计时,这种情况应予以考虑。

Minikin 法(1963 年)为近破波压力计算最为普遍的方法。Minikin 提出最大压强发生在静水面,并由静、动两部分压强组成,其中最大的动水压强 $p_m(\text{t/m}^2)$ 的计算公式:

$$p_m = 100\rho g H \left(1 + \frac{H}{D}\right)\frac{H_b}{\lambda} \tag{3-77}$$

式中:H——墙前堆石基床上的水深,m;

$\quad D$——墙前堆石基床外的水深,m;

$\quad H_b$——近破波的波高,m;

$\quad \lambda$——对应水深为 D 处的波长,m。

最大动水压强以抛物线形式随距静水面距离的增大而降低,到静水面上、下各 $H_b/2$ 处衰减为 0,如图 3-12 所示。

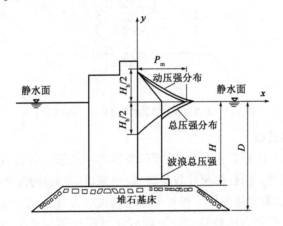

图 3-12 近破波在直墙上的压强分布(Minikin 法)

动水压强形成的总动压力 R_m 为:

$$R_m = \frac{P_m H_b}{3} \tag{3-78}$$

在确定构筑物上的总作用力时,还必须考虑因水位上升而引起的直墙上的静水压强,静水压强的计算公式为:

$$p_s = 0.5\rho g H_b \left(1 - \frac{2y}{H_b}\right) \quad \left(0 < y < \frac{H_b}{2}\right) \tag{3-79}$$

$$p_s = 0.5\rho g H_b \quad (y \leqslant 0) \tag{3-80}$$

式中:y——静水面到计算点的高度(向上为正),m。

作用在直墙上的总波压力 R_t 为:

$$R_t = R_m + \frac{\rho g H_b}{2}\left(H + \frac{H_b}{4}\right) \tag{3-81}$$

Plakida(1970年)也提出了近破波在直墙上作用力的计算方法。该计算方法简单,计算公式的形式与Minikin法计算远破波的压力公式类似。

作用在静水面直墙处的最大波压强为:

$$p_{max} = 1.5\rho g h \tag{3-82}$$

墙脚处的波压强为:

$$p_b = \frac{\rho g h}{\cosh\dfrac{2\pi H}{\lambda}} \tag{3-83}$$

浮托力合力p_z为:

$$p_z = 0.9\frac{p_b b}{2} \tag{3-84}$$

式中符号意义同前,压力分布如图3-13所示。

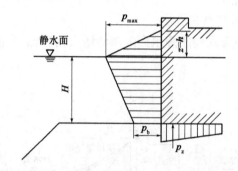

图3-13 近破波在直墙上的压强分布(Plakida法)

2)圆柱体上的波浪荷载

波浪对圆柱体的荷载作用理论与直墙不同,在计算中按圆柱体的几何尺寸把圆柱体分为小圆柱体和大圆柱体两类。圆柱体尺寸较小时,波浪流过圆柱体时除产生漩涡外,波浪本身的性质并不发生变化,但如果圆柱体尺寸相对于波长来说较大时,当波浪流过圆柱体时就会发生绕射现象,因此,大圆柱的受力比较复杂。一般规定将圆柱体的直径D与波长λ之比为0.2作为临界值,$D/\lambda < 0.2$时称为小圆柱体,$D/\lambda \geqslant 0.2$时称为大圆柱体。

小圆柱体的荷载计算采用Morison的计算公式。Morison认为在非恒定流中的圆柱体,其受力由两部分组成,即阻力和惯性力。阻力和惯性力的大小比值随条件的不同而变化,在某种条件下阻力是主要的,而在其他的条件下,惯性力是主要的。

Morison公式为:

$$F = \frac{1}{2}C_D\rho D U |U| + \rho\pi\frac{D^2}{4}C_M U \tag{3-85}$$

式中:F——单位长度的圆柱体受力,N/m;

C_D——阻力系数;

C_M——惯性力系数;

D——圆柱体直径,m;

U——质点水平方向的速度分量,m/s。

Morison 公式适用于 $D/\lambda \leqslant 0.2$ 的情况。一般可以认为该公式在线性理论范围内具有理论依据,但在计算中选定恰当的 C_D、C_M 值是非常困难的。《海港与航道水文规范》(JTS 145—2015) 规定,对圆形柱体不考虑雷诺数的影响,C_D 取 1.2,C_M 取 2.0。

本 章 小 结

(1)风压是风以一定的速度向前运动时,对阻碍物产生的压力。基本风压是指在规定的标准条件下的风压。进行工程结构抗风设计计算时,必须考虑非标准条件和标准条件下的换算。

(2)雪荷载属于结构上的可变荷载。基本雪压是指在空旷平坦地面上根据气象记录资料统计得到的在结构使用期间可能出现的最大的雪压值。计算屋面雪荷载时,应对地面基本雪压乘以屋面积雪分布系数。风、屋面坡度、屋面温度等因素都会对屋面积雪分布产生影响。

(3)汽车荷载是桥梁结构设计中最重要的活荷载之一。汽车荷载有两种形式:一种是车辆荷载,另一种是车道荷载。车辆荷载效应通常要用影响线法计算。在设有人行道的桥梁设计中,除了要考虑汽车荷载还要考虑人群荷载,包括人和人行道板的重量。

(4)公路桥梁和城市桥梁设计时,必要时要考虑人群荷载。

(5)民用建筑楼面活荷载是指建筑物中的人群、家具、设施等产生的重力荷载。为方便起见,一般可将楼面活荷载处理为等效均布荷载,均布活荷载的量值与建筑物的功能有关。作用在楼面上的活荷载,不可能以统计的最大荷载同时布满在所有的楼面上,因此在设计梁、墙、柱和基础时,还应考虑楼面活荷载折减,折减的原则是:对水平构件,按构件从属面积进行折减;对竖向构件,按其上的楼层数进行折减。

(6)厂房结构设计应考虑吊车荷载的作用。计算吊车荷载时,根据要求的使用等级和荷载状态,共分为 8 个级别作为吊车的设计依据。吊车竖向荷载以最大和最小轮压的形式给出,纵向水平荷载由大车加速度引起,横向水平荷载由小车加速度或卡轨力引起,计算吊车荷载效应时,可用影响线法。

(7)修建在水体中或含有地下水的地层中的结构物常受到水的物理作用,表现为水对结构物的力学作用,根据水体状态的不同,可分为水对结构物表面产生的静水压力和动水压力。在有波浪时,水对结构物产生的附加应力称为波浪压力,又称波浪荷载。

思考题

3-1 风速和风压有什么关系? 两者之间的换算关系受哪些因素的影响?

3-2 确定基本风压的标准条件是什么? 非标准条件应如何进行换算?

3-3 什么是基本雪压?

3-4 屋面雪荷载应如何计算? 影响屋面雪荷载的因素有哪些?

3-5 汽车荷载通常包括哪两种形式？两种形式的荷载分别应该在计算什么构件时采用？

3-6 屋面设计时应考虑哪些荷载？

3-7 积灰荷载的大小和分布与哪些因素有关？设计时,积灰荷载应和哪些荷载同时考虑？

3-8 吊车横向水平荷载应如何确定？

3-9 在确定直墙上的波浪荷载时,对不同种类的波浪应分别采用什么样的理论？

第4章

地震作用

4.1　地震基础知识

地震是一种自然现象,也是地壳运动的一种表现,与地质的构造密切相关。地球内部介质发生急剧的开裂,表面突然发生快速的振动,称为地震。据统计,地球每天都在发生地震,每年平均发生500万次左右,其中,绝大多数是小震。强烈地震会引起山崩地裂、河川倒流、房屋倒塌等,给人类带来巨大的灾难。为了抵御与减轻地震的灾害,工程技术人员对工程结构进行抗震分析与设计是非常有必要的。

4.1.1　地球的构造

地球是一个外形略呈椭圆的球体,平均半径约为6400km。地球从表面至核心可分为三个层次:地壳、地幔、地核(内核和外核)(图4-1)。

地壳是由很多大小不等、薄厚不一的块体组成。大陆的地壳存在两个层面,上层为花岗岩层,下层为玄武岩层,平均厚度为35km;海洋的地壳主要是玄武岩层,平均厚度为5~10km,仅有薄薄一层。地震一般发生在地壳之中。

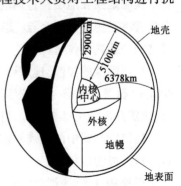

图4-1　地球的构造

地幔是地壳下面的一层,莫霍面将地壳与地幔分隔开来,且由致密的、非常坚硬的造岩物质构成。莫霍面以下 40~70km 是刚性的岩石层,它与地壳共同组成所谓的岩石圈。岩石圈以下存在着厚度为几百公里的软流层,称为软流层。岩石层与软流层合成为上地幔,上地幔以下为下地幔。

地核是地球的核心,质量约占整个地球的31.5%,体积约占整个地球的 16.2%。地核分为内核和外核。由于地震波不能够穿过外核,于是推测外核由铁、镍、硅等物质组成,处于液态状态;因横波可以存在内核中,所以内核可能是固态。

4.1.2　地震的成因与类型

地震按成因分类可分为构造地震、火山地震、陷落地震和诱发地震。

火山地震是由于火山活动时岩浆喷发的冲击力或者热力作用下引起的地震,影响范围较小,发生的次数也较少。陷落地震是由于地下水溶解岩石,或者地下采矿形成巨大的空洞使得地层陷落引起的地震,发生的次数约占全球地震总数的 3%,震级比较小。诱发地震主要是由地下核爆炸、陨石坠落、油井灌水等活动引起,一般引起的地震都不太强烈,最常见的是水库地震,会造成较大破坏。构造地震发生的次数最多,涉及的范围最广,释放的能量最大,造成的危害也最大,是工程抗震研究中的主要对象。

构造地震的成因是:由地壳运动引起地壳岩层发生断裂错动使得地壳振动。地球不停的运动使得地壳内部产生巨大的地应力作用。当地应力不断增加时,岩石变形也跟着不断增大,若最薄弱地壳中的岩石强度抵抗不住地应力,岩层发生断裂错动,巨大的能量突然释放,其中部分能量以波的形式在地层中传播,引起地面振动,形成地震。

然而,地应力的产生被公认为板块构造的学说。地球是由六大板块和若干个小块组成,这六大板块是欧亚板块、太平洋板块、美洲板块、非洲板块、印澳板块和南极板块。由于地幔流层的对流,带动着软流层上的板块异常缓慢而持久地相互运动着。但板块的边界是相互制约的,因而板块之间处于拉伸、挤压和剪切状态,从而产生了地应力。地震主要产生的位置就在这些板块的交界处。

4.1.3　地震基本术语

震源是指在地层构造运动中,断层形成的地方释放大量能量,产生剧烈震动的地方。理论上常常将震源看作一个点,实际上是一个区域。震源正上方的地面位置称为震中。震中与震源之间的距离叫作震源深度。

按照震源的深浅,地震可分为浅源地震(震源深度小于 60km)、中源地震(震源深度 60~300km)和深源地震(震源深度大于 300km)。世界上大多数地震为浅源地震。我国发生的地震,震源深度为 10~20km。目前世界上发生的地震,最大震源深度约为 720km。

建筑物与震中的距离叫作震中距。建筑物与震源的距离叫震源距。地面上受到破坏最严重的地区成为极震区。

根据震中距的远近,地震又可分为地方震(震中距小于 100km)、近震(震中距大于100km,小于 1000km)、远震(震中距大于 1000km)。

4.1.4 震级和烈度

1)地震震级

地震的震级是对一次地震强度大小等级的衡量,通常用符号 M 表示。根据地震释放能量多少来划分。

目前,国际上通常采用的里氏震级,其原始定义是由美国地震学家查尔斯·弗朗西斯·里克特(C. F. Richter)和宾诺·古腾堡(Beno Gutenberg)于1935年共同提出。里氏震级定义是选择在离震中100km的标准地震仪(摆的自振周期为0.8s,阻尼系数为0.8,放大系数为2800倍)所记录到的最大水平地动位移以10为底的对数,即

$$M = \lg A \tag{4-1}$$

式中:M——震级,即里氏地震等级;

A——标准地震仪(以 μm 为单位的最大水平地动位移)。

震级的大小直接与震源释放的能量有关。每增强一级,地面振动幅值增加10倍,释放能量约增加31.6倍。

按震级的大小分类,震级小于2.5级的地震,称为小震或微震;震级在2.5~5.0级的地震,称为有感地震。当震级处5.0~7.0级的地震,建筑物将会受到不同程度的损坏,称为中强地震;震级在7级以上地震往往会造成巨大的破坏,被称为强震。

2)地震烈度

地震烈度是指某一特定地区的地面和各建筑物遭受一次地震影响的强弱程度。每次地震的震级只有一个,但烈度随着地点的不同而存在若干个。震中的烈度最高,距震中越远,地震影响越小,烈度也随之降低。但是在某一个烈度区域内,会因土壤结构、局部场地地形等影响,而出现局部烈度较高或者较低的"烈度异常区"。

对于地震烈度的评定,需要建立一个标准,即地震烈度表。它是通过地震时地面建筑物的破坏程度、地形地貌改变、人的感觉等宏观现象进行区分。目前,我国采用1~12等级划分的地震烈度表,1度~5度应以地面上及底层房屋中的人的感受和其他震害现象为主;6度~10度应以房屋震害为主,参照其他震害现象,当房屋震害程度与平均指数评定结果不同时,应以震害程度评定结果为主,并综合考虑不同类型房屋的平均震害指数;11度和12度综合房屋震害和地表震害现象。

4.1.5 地震波与地震动

1)地震波

地震引起的剧烈振动以弹性波的形式从震源向各个方向传播并释放能量,这种波被称为地震波。地震波按传播位置的不同,分为地球内部传播的体波和在地表面传播的面波。

(1)体波。

体波可分为纵波(P波)与横波(S波)。

纵波是由震源向四周传播的压缩波。纵波在传播过程中,其介质质点的振动方向与波的前进方向一致。由于任何一种介质都能够承受不同程度的压缩和拉伸变形,因此纵波可以在任何介质中传播。其特点是周期较短,振幅较小,波速较快。横波是由震源向四周传播的剪切波,横波在传播过程中,其介质质点的振动方向与波的前进方向垂直。因为横波的传播过程是

介质质点不断受剪切变形的过程,液态和气态介质不能承受剪切作用,所以横波只能在固体介质中传播。其特点是周期较长,振幅较大,波速较慢。体波运动特征示意如图4-2所示。

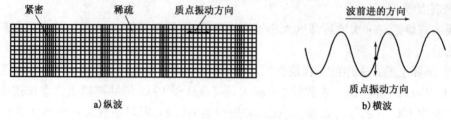

a)纵波　　　　　　　　　　　　　　　b)横波

图4-2　体波运动特征示意

根据弹性理论,纵波和横波的传播速度可分别按下列公式计算:

$$v_\mathrm{p} = \sqrt{\frac{E(1-\vartheta)}{\rho(1+\vartheta)(1-2\vartheta)}} \tag{4-2}$$

$$v_\mathrm{s} = \sqrt{\frac{E(1-\vartheta)}{2\rho(1+\vartheta)}} = \sqrt{\frac{G}{\rho}} \tag{4-3}$$

式中:v_p——纵波波速;

v_s——横波波速;

E——介质弹性模量;

G——介质剪切模量;

ρ——介质密度;

ϑ——介质泊松比。

在一般情况下,当 $\vartheta = 0.22$ 时,

$$v_\mathrm{p} = 1.67v_\mathrm{s} \tag{4-4}$$

由此可知,纵波的传播速度比横波的传播速度要快。所以,当某地发生地震时,在地震仪上首先记录到的地震波是纵波,随后记录到的是横波。

(2)面波。

面波是体波经地层界面多次反射、折射所形成的次声波。面波分为瑞利波(P波)和乐浦波(L波)。瑞利波的特点是振幅大,在地表以竖向运动为主;乐浦波传播时,质点在地平面内做与波前进方向相垂直的运动。如此可见,面波的介质质点振动方向比较复杂。

一般地说,与体波相比,面波周期长,振幅大,衰减慢,能够传播到很远的地方。在地震波传播过程中,首先到达的是纵波,继而是横波,面波最慢。分析纵波和横波的到达时间差,能够确定震源的距离。纵波使建筑结构产生上下颠簸,横波使建筑结构产生水平摇动,而面波使建筑结构既产生上下颠簸又产生水平摇动,当横波与面波同时到达时振动最为强烈。横波和面波产生的水平振动是导致建筑结构地震破坏的重要因素;在震中区,纵波产生的竖向振动所造成的破坏也不能忽视。

2)地震动

地震动,也被称为地面运动,指的是在地震中,由震源释放出来的地震波引起的地表附近土层的振动。地震动是地震和结构抗震之间的桥梁,又是结构抗震设防的依据。

地震动是引起建筑结构破坏的外因,其与结构分析中常用的荷载存在很大的差别,主要表现在:①经常采用的荷载以力的形式表现,地震动则以运动的方式表现;②经常采用的荷载一般为短期内大小不变的静力,地震动则是迅速变化着的随机振动;③经常采用的荷载大多是竖向的,地震动则是水平、竖向,也有可能存在扭转同时作用。

地震动的特性中,地震动的强度(振幅、峰值)、频谱特性和强震持续时间是结构破坏的重要影响因素,也简称为地震动三要素。在给定的地震动中,通常把它看作是由许多不同频率的简谐波组合而成的。表示给定地震动中振幅与频率关系曲线,统称为频谱。地震工程中,经常使用的频谱有傅里叶谱、反应谱与功率谱。其中反应谱在国内外抗震设计规范普遍使用。

4.2 工程抗震设防

4.2.1 抗震设防烈度

为了减轻工程结构的地震破坏,降低地震灾害造成的损失,需要进行工程抗震。减轻震害的有效措施包括对新建工程进行抗震设防和对已有工程进行抗震加固。由于地震的发生时间、地点和强度都具有不确定性,目前,为适应这个特点,采用的方法是基于概率含义的地震预测。该方法根据区域性地质构造、地震活动性和历史地震资料,将地震发生及其影响看作随机现象,划分潜在的震源区,分析震源地震活动性,确定地震衰减规律,利用概率方法评价未来一定期限内某一地区遭受不同强度地震影响的可能性,给出以概率形式表达的地震烈度区划。

地震的基本烈度是指一个地区未来50年内一般场地条件下可能遭受的具有10%超越概率的地震烈度值。

抗震设防是指对规定的抗震设防地区的建筑进行建筑抗震设计和隔震、减震设计,并采取一定的抗震构造措施,以达到结构抗震的效果和目的。抗震设防的依据是抗震设防烈度。

依据我国《建筑工程抗震设防分类标准》(GB 50223—2008)的定义,抗震设防烈度是按国家规定的批准权限审定,作为一个地区抗震设防依据的抗震烈度。

设防烈度取值依据:规范规定,一般情况下,可采用《中国地震动参数区划图》(GB 18306—2015)中的地震基本烈度。对已编制抗震设防区划的城市,可按批准的抗震设防烈度进行抗震设防。

4.2.2 抗震设防的目的

地震造成人员伤亡的直接原因是地表的破坏和建筑物、构筑物的破坏与倒塌。据对世界上130余次伤亡较大地震灾害进行的分类统计表明,其中95%以上的伤亡是由于建筑物、构筑物破坏、倒塌造成的。因此,对各种建筑物、构筑物依法进行相应的抗震设防。

工程抗震设防的基本目的是在一定的经济条件下,最大限度地限制和减轻建筑物的地震破坏,保障人民生命财产的安全。为实现这一目的,近年来,许多国家的抗震设计规范都趋向于以"小震不坏、中震可修、大震不倒"作为建筑抗震设计的基本准则。这里的"小震"实际上指的是结构设计基准期内(50年)超越概率为63.2%烈度水平的地震影响,称多遇地震烈度(众值烈度),重现期约为50年;这里的"中震"实际上是指结构设计基准期内(50年)超越概率为10%烈度水平的地震影响,又称为基本烈度;这里的"大震"实际上是指结构设计基准期内(50 年)超越概率为2% ~3%烈度水平的地震影响,又称为罕遇烈度,重现期约为2500 年。

4.2.3　工程抗震设防目标

我国《建筑抗震设计规范》(GB 50011—2010)中抗震设防的目标可概括为"小震不坏,中震可修,大震不倒"。具体如下:

小震不坏第一水准:在遭受低于本地区设防烈度(基本烈度)的多遇地震影响时,建筑物一般不受损坏或不需要修理仍可继续使用。

中震可修第二水准:在遭受本地区规定的设防烈度的地震影响时,建筑物(包括结构和非结构部分)可能有一定损坏,但不致危及人民生命和生产设备的安全,经一般修理或不需修理仍继续使用。

大震不倒第三水准:在遭受高于本地区设防烈度的罕遇地震影响时,建筑物不致倒塌或发生危及生命的严重破坏。

基于上述抗震设防目标,建筑物在使用期间对不同强度的地震应具有不同的抵抗能力。对不同强度的地震可以用3 个地震烈度水准来考虑,即众值烈度、基本烈度和罕遇烈度。这三个地震烈度水准可通过概率密度函数的分析反映,如图 4-3 所示。

通过烈度概率分布分析可知,基本烈度与众值烈度相差约为 1.55 度,而基本烈度与罕遇烈度相差约为 1 度。

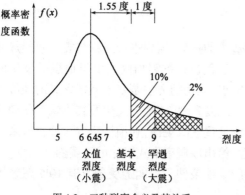

图 4-3　三种烈度含义及其关系

4.2.4　工程抗震设计方法

在建筑抗震设计中,应该满足上述三水准的抗震设防要求。为实现此目标,我国建筑抗震设计规范采用了简化的两阶段设计方法。

第一阶段设计:按多遇地震烈度对应的地震作用效应和其他荷载效应的组合验算结构构件的承载能力和结构的弹性变形。

第二阶段设计:按罕遇地震烈度对应的地震作用效应验算结构的弹塑性变形。

第一阶段设计,保证了第一水准的强度要求和变形要求。第二阶段的设计,则为保证结构满足第三水准的抗震设防要求。如何保证第二水准的抗震设防要求,尚在研究中。在设计中,一般通过良好的抗震构造措施使第二水准的要求得以实现。

4.3　地震作用计算基本理论

4.3.1　单质点体系在地震作用下的运动方程

对于单质点在弹性体系下的地震反应的研究,首先要在地震作用下建立运动方程。图 4-4 表示为单质点弹性体的计算简图。所说的单质点弹性体系,是指参与振动的结构的全部质量集中于一点,用无重量的弹性直杆支撑于地面上的体系。例如,水塔、单层房屋,因为它们的质量大部分都集中于结构的顶部,所以,在进行地震作用下分析时通常将它们看作单质点体系。

目前,计算弹性体系在地震时的反应,一般要假定地基不会产生转动,把地基的运动分解为一个竖向分量和两个水平向的分量,然后分别计算这些分量对结构的影响。地震破坏主要是水平晃动引起的,下面主要讨论水平分量作用下的单质点弹性体系的地震反应。

图 4-4 表示的是单质点弹性体系在地震时地面水平运动分量作用下的运动状态。在地震作用下,质点 m 偏离原静力平衡位置的绝对位移为 $x_g(t) + x(t)$。其中 $x_g(t)$ 表示地面水平位移,它的变化规律可通过地震时地面运动实测记录得到;$x(t)$ 表示质点相对于地面的位移反应,$\dot{x}(t)$ 和 $\ddot{x}(t)$ 分别对应于质点相对于地面的速度和加速度。质点产生的绝对加速度为 $\ddot{x}_g(t) + \ddot{x}(t)$。

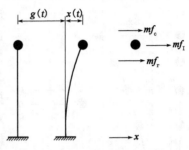

图 4-4 单质点弹性体系的计算简图

取质点 m 为隔离体,由动力学可知,作用在质点上存在三种力:惯性力 f_I、阻尼力 f_c、弹性恢复力 f_r。

(1)惯性力 f_I。惯性力的大小等于质点的质量和绝对加速度的乘积,方向与加速度的方向相反,即

$$f_I = -m[\ddot{x}_g(t) + \ddot{x}(t)] \tag{4-5}$$

(2)阻尼力 f_c。它是在结构振动过程中由于结构内摩擦及周围介质(如空气、水等)对结构运动的阻碍造成。阻尼力是阻止质点运动的力,方向与质点运动方向相反,即

$$f_c = -c\dot{x}(t) \tag{4-6}$$

式中:c——阻尼系数。

(3)弹性恢复力 f_r。它是由结构变形产生的,其大小与质点的相对位移成正比,方向总是与位移的方向相反,即

$$f_r = -kx(t) \tag{4-7}$$

式中:k——弹性支撑杆的侧移刚度,即质点发生单位水平位移时,需在质点上施加的力。

根据达朗贝尔原理,质点在运动的任一瞬间应处于动力平衡状态,所以,上述三种力平衡,即

$$-m[\ddot{x}_g(t) + \ddot{x}(t)] - c\dot{x}(t) - kx(t) = 0 \tag{4-8}$$

整理后得到:

$$m\ddot{x}(t) + c\dot{x}(t) + kx(t) = -m\ddot{x}_g(t) \tag{4-9}$$

式(4-9)是单质点体系在单向水平地面运动下的运动方程,为二阶线性非齐次微分方程。为了使式(4-9)进一步简化,设:

$$\omega^2 = \frac{k}{m} \tag{4-10}$$

$$\xi = \frac{c}{2\omega m} \tag{4-11}$$

式中:ω——无阻尼自振圆频率,简称自振频率;

ξ——阻尼系数 c 与临界阻尼系数 c_r 的比值,简称阻尼比。

将式(4-10)和式(4-11)代入式(4-9),可得:

$$\ddot{x}(t) + 2\xi\omega\,\dot{x}(t) + \omega^2 x(t) = -\ddot{x}_g(t) \tag{4-12}$$

式(4-12)即为单质点弹性体系在地震作用下的运动微分方程。

4.3.2 多质点体系在地震作用下的运动方程

在实际建设工程中,结构的形式多样化,进行计算时应将其质量相对集中于若干高度处,进而简化成多质点体系进行计算,从而得到切实际的解答,比如不等高的厂房、多层房屋建筑等。在单向水平地面运动作用下,多质点体系的变形如图 4-5 所示。

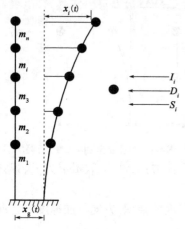

图 4-5 表示一多质点弹性体系在水平地震作用下发生振动情况。图中,$x_g(t)$ 为地震水平位移;$x_i(t)$ 为第 i 质点相对于地面的位移。为了建立运动方程,取第 i 质点为隔离体,作用在质点 i 上的力有:

惯性力

$$I_i = -m_i(\ddot{x}_g + \ddot{x}_i) \tag{4-13}$$

阻尼力

$$D_i = -(c_{i1}\dot{x}_1 + c_{i2}\dot{x}_2 + \cdots + c_{in}\dot{x}_n) = -\sum_{r=1}^{n} c_{ir}\dot{x}_r \tag{4-14}$$

图 4-5 多质点体系地震反应

弹性恢复力

$$S_i = -(k_{i1}x_1 + k_{i2}x_2 + \cdots + k_{in}x_n) = -\sum_{r=1}^{n} k_{ir}x_r \tag{4-15}$$

式中:c_{ir}——第 r 质点产生单位速度,其余点速度为零,在第 i 质点产生的阻尼力;

k_{ir}——第 r 质点产生单位位移,其余点不动,在第 i 质点上产生的弹性反力。

根据达朗贝尔原理,第 i 质点的动力平衡方程为:

$$m_i(\ddot{x}_g + \ddot{x}_i) = -\sum_{r=1}^{n} c_{ir}\dot{x}_r - \sum_{r=1}^{n} k_{ir}x_r \tag{4-16}$$

对上式进行整理并推广到 n 个质点,得多质点(多自由度)弹性体系在地震作用下的运动方程:

$$\ddot{x}_i + \sum_{r=1}^{n} c_{ir}\dot{x}_r + \sum_{r=1}^{n} k_{ir}x_r = -m_i\ddot{x}_g \quad (i = 1, 2, \cdots, n) \tag{4-17}$$

n 个质点体系下的,得到的 n 个方程组,其矩阵的表达形式为:

$$m\,\ddot{x}(t) + c\,\dot{x}(t) + kx(t) = -m\mathbf{1}\,\ddot{x}_g \tag{4-18}$$

其中,$x(t)$、$\dot{x}(t)$、$\ddot{x}(t)$ 分别为体系的位移向量、速度向量和加速度向量,$x(t) = [x_1, x_2, \cdots, x_n]^T$,$\dot{x}(t) = [\dot{x}_1, \dot{x}_2, \cdots, \dot{x}_n]^T$,$\ddot{x}(t) = [\ddot{x}_1, \ddot{x}_2, \cdots, \ddot{x}_n]^T$;$m$、$c$、$k$ 分别为质量矩阵、阻尼矩阵和刚度矩阵,表达式为:

$$m = \begin{bmatrix} m_1 & & & & & \\ & m_2 & & & 0 & \\ & & \ddots & & & \\ & & & m_i & & \\ & 0 & & & \ddots & \\ & & & & & m_n \end{bmatrix} \tag{4-19}$$

$$\boldsymbol{k} = \begin{bmatrix} k_{11} & k_{12} & \cdots & k_{1n} \\ k_{21} & k_{22} & \cdots & k_{2n} \\ \vdots & \vdots & & \vdots \\ k_{n1} & k_{n2} & \cdots & k_{nn} \end{bmatrix} \tag{4-20}$$

阻尼矩阵通常取为质量矩阵和刚度矩阵的线性组合,即

$$\boldsymbol{c} = a\boldsymbol{m} + b\boldsymbol{k} \tag{4-21}$$

4.4 地震反应谱与设计谱

4.4.1 地震反应谱

为了求解地震作用,将单自由度体系的地震最大绝对加速度反应与其自振周期 T 的关系定义为地震加速度反应谱,或简称为地震反应谱,记为 $S_a(T)$。

杜哈密(Duhamel)积分:

$$x(t) = \int_0^t \mathrm{d}x(t) = -\frac{1}{\omega_D} \int_0^t \ddot{x}_g(\tau) \mathrm{e}^{-\xi\omega(t-\tau)} \sin\omega_D(t-\tau) \mathrm{d}\tau \tag{4-22}$$

上式即为单质点体系运动方程一般地面运动强迫振动的特解。

将地震位移反应表达式(4-22)微分两次得:

$$\ddot{x}(t) = \omega_D \int_0^t \ddot{x}_g(\tau) \mathrm{e}^{-\xi\omega(t-\tau)} \left\{ \left[1 - \left(\frac{\xi\omega}{\omega_D}\right) \right] \sin\omega_D(t-\tau) + 2\frac{\xi\omega}{\omega_D}\cos\omega_D(t-\tau) \right\} \mathrm{d}\tau - \ddot{x}_g(t) \tag{4-23}$$

注意到结构阻尼比一般比较小,$\omega_D \approx \omega$,另体系自振周期 $T = \dfrac{2\pi}{\omega}$,可得:

$$
\begin{aligned}
S_a(t) &= \left| \ddot{x}_g(t) + \ddot{x}(t) \right|_{\max} \\
&\approx \left| \omega \int_0^t \ddot{x}_g(\tau) \mathrm{e}^{-\xi\omega(t-\tau)} \sin\omega(t-\tau) \mathrm{d}\tau \right|_{\max} \\
&= \left| \frac{2\pi}{T} \int_0^t \ddot{x}_g(\tau) \mathrm{e}^{-\xi\frac{2\pi}{T}(t-\tau)} \sin\frac{2\pi}{T}(t-\tau) \mathrm{d}\tau \right|_{\max}
\end{aligned}
\tag{4-24}
$$

4.4.2 地震反应谱的意义及影响反应谱的因素

地震(加速度)反应谱可理解为一个确定的地面运动,通过一组阻尼比相同但自振周期各不相同的单自由度体系,所引起的各体系最大加速度反应与相应体系自振周期的关系曲线。

影响反应谱的因素有两个:一是体系阻尼比,二是地震动。

(1)一般体系阻尼比越大,体系地震加速度反应越小,地震反应谱值越小。

(2)地震动记录不同,地震反应谱也将不同,即不同的地震动将有不同的地震反应谱,因此影响地震动的各种因素也将影响地震反应谱。地震动特性三要素:振幅、频谱、持时。

①由于单自由度体系振动系统为线性系统,地震动振幅对地震反应谱的影响是线性的,即

地震动振幅越大,地震反应谱值也越大,且它们之间呈线性比例关系。因此,地震动振幅仅对地震反应谱值大小有影响。

②地震动频谱是地面运动各种频率(周期)成分的加速度幅值的对应关系。在不同场地地震动和不同震中距地震动的反应谱中,其场地越软,震中距越大,地震动主要频率成分越小,因而地震反应谱的"峰"对应的周期越长的特性。因此,地震动频谱对地震反应谱的形状有影响。因而影响地震动频谱的各种因素,如场地条件、震中距等,均对地震反应谱有影响。

③地震动持续时间影响单自由度体系地震反应的循环往复次数,一般对其最大反应或地震反应谱影响不大。

4.4.3 地震设计反应谱

由地震反应谱可方便地计算单自由度体系水平地震作用为:

$$F = mS_a(T) \tag{4-25}$$

地震反应谱除受体系阻尼比的影响外,还受到地震动的振幅、频谱等影响,不同的地震动记录,地震反应谱也不同。当进行结构抗震设计时,由于无法确认今后发生地震的地震动时程,因而无法确定相应的地震反应谱。可见,地震反应谱直接用于结构的抗震设计有一定的困难,需专门研究可供结构抗震设计用的反应谱,称之为设计反应谱。

将式(4-25)改写成:

$$F = mg \frac{|\ddot{x}_g|_{max}}{g} \frac{S_a(T)}{|\ddot{x}_g|_{max}} = Gk\beta(T) \tag{4-26}$$

式中:G——体系的重量;

$\quad k$——地震系数;

$\beta(T)$——动力系数。

1)地震系数 k

地震系数 k 的定义为:

$$k = \frac{|\ddot{x}_g|_{max}}{g} \tag{4-27}$$

通过地震系数可将地震动振幅对地震反应谱的影响分离出来。地面运动加速度峰值越大,地震烈度越大,即地震系数与地震烈度之间有一定的对应关系。烈度每增加一度,地震系数大致增加一倍。表4-1是我国《建筑抗震设计规范》(GB 50011—2010)采用的地震系数与基本烈度的对应关系。

地震系数 k 与基本烈度的对应关系　　　　　　　　　　　表4-1

基本烈度	6	7	8	9
地震系数 k	0.05	0.10(0.15)	0.20(0.30)	0.40

注:括号中数值分别用于设计基本地震加速度为 $0.15g$ 和 $0.30g$ 的地区。

2)动力系数 $\beta(T)$

动力系数 $\beta(T)$ 的定义为:

$$\beta(T) = \frac{S_a(T)}{|\ddot{x}_g|_{max}} \tag{4-28}$$

即体系最大加速度反应与地面最大加速度之比,意义为体系加速度放大系数。

为使动力系数能用于结构抗震设计,采取以下措施:

(1)取确定的阻尼比 $\xi=0.05$。因大多数实际建筑结构的阻尼比在 0.05 左右。

(2)按场地、震中距将地震动记录分类。

(3)计算每一类地震动记录动力系数的平均值。

$$\bar{\beta}(T)=\frac{\sum\limits_{i=1}^{n}\beta_i(T)\mid_{\xi=0.05}}{n} \tag{4-29}$$

式中:$\beta_i(T)$——第 i 条地震记录计算所得动力系数。

上述的措施考虑到:

(1)阻尼对地震反应谱的影响;

(2)地震动频谱的主要影响因素;

(3)类别不同的不同地震动记录地震反应谱变异性。

因此得到的 $\bar{\beta}(T)$ 经平滑后如图 4-6 所示,可供结构抗震设计采用。

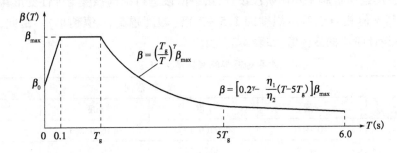

图 4-6　动力系数谱曲线

图中:$\beta_{max}=2.25$;

　　　$\beta_0=0.45\beta_{max}/\eta_2$;

　　　T_g——特征周期,与场地条件和设计地震分组有关,按表 4-2 确定;

　　　T——结构自振周期;

　　　γ——衰减指数,$\gamma=0.9$;

　　　η_1——直线下降段斜率调整系数,$\eta_1=0.02$;

　　　η_2——阻尼调整系数,$\eta_2=1.0$。

特征周期值 $T_g(s)$　　　　　　　　　　　　　　　　　　表 4-2

设计地震分组	场 地 类 别				
	I_0	I_1	Ⅱ	Ⅲ	Ⅳ
第一组	0.20	0.25	0.35	0.45	0.65
第二组	0.25	0.30	0.40	0.55	0.75
第三组	0.30	0.35	0.45	0.65	0.90

3)地震影响系数

令

$$\alpha(T)=k\,\bar{\beta}(T) \tag{4-30}$$

称 $\alpha(T)$ 为地震影响系数。由于 $\alpha(T)$ 与 $\bar{\beta}(T)$ 仅差一常系数地震系数,因此 $\alpha(T)$ 的物理

意义与 $\bar{\beta}(T)$ 相同，也是设计谱。同时，$\alpha(T)$ 的形状与 $\bar{\beta}(T)$ 相同，如图4-7所示。

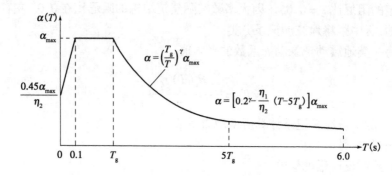

图4-7　地震影响系数谱线

$$\alpha_{max} = k\beta_{max} \tag{4-31}$$

现如今，我国建筑抗震采用两阶段设计，第一阶段进行结构强度与弹性变形验算时采用多遇地震烈度，其 k 值相当于基本烈度的 $1.5\sim2$ 倍（烈度越高，k 值越小）。由此，表4-1及式(4-31)可得各设计阶段的 α_{max} 值，如表4-3所示。

水平地震影响系数最大值 α_{max}　　表4-3

地 震 影 响	设 防 烈 度			
	6 度	7 度	8 度	9 度
多遇地震	0.04	0.08(0.12)	0.16(0.24)	0.32
罕遇地震	—	0.50(0.72)	0.90(1.20)	1.40

注：括号中数值分别用于设计基本地震加速度取 $0.15g$ 和 $0.30g$ 的地区。

4）阻尼对地震影响系数的影响

当建筑结构阻尼比按有关规定不等于 0.05 时，其水平地震影响系数曲线仍按图4-7确定，但形状参数应作调整。

（1）曲线下降段衰减指数的调整

$$\gamma = 0.9 + \frac{0.05 - \xi}{0.3 + 6\xi} \tag{4-32}$$

（2）直线下降段斜率的调整

$$\eta_1 = 0.02 + \frac{0.05 - \xi}{4 + 32\xi} \tag{4-33}$$

（3）α_{max} 的调整

当结构阻尼比不等于 0.05 时，表4-3中的 α_{max} 值应乘以下列阻尼调整系数：

$$\eta_2 = 1 + \frac{0.05 - \xi}{0.08 + 1.6\xi} \tag{4-34}$$

当 $\eta_2 < 0.55$ 时，取 $\eta_2 = 0.55$。

5）地震作用计算

由式(4-26)、式(4-30)可得抗震设计时单自由度体系水平地震作用计算公式为：

$$F = \alpha G \tag{4-35}$$

对比式(4-25)、式(4-35)知，地震影响系数与地震反应谱的关系为：

$$\alpha(T) = \frac{mS_a(T)}{G} = \frac{S_a(T)}{g} \tag{4-36}$$

4.5 底部剪力法与振型分解反应谱法

1)振型分解反应谱法

振型分解反应谱法使用前提:振型关于质量矩阵、刚度矩阵、阻尼矩阵正交,阻尼矩阵采用瑞雷阻尼矩阵($C = aM + bK$)。

下面将在满足以上条件的前提下进行振型分解反应谱法的介绍。

(1)一个比较有用的表达式

由于各阶振型 $\boldsymbol{\Phi}_i(i = 1,2,\cdots,n)$ 是相互独立的向量,则可将单位向量 $\mathbf{1}$ 表示成 $\boldsymbol{\Phi}_1,\boldsymbol{\Phi}_2,\cdots,$ $\boldsymbol{\Phi}_n$ 的线性组合,即

$$\mathbf{1} = \sum_{i=1}^{n} a_i \boldsymbol{\Phi}_i \tag{4-37}$$

其中 a_i 为待定系数,为确定 a_i,将式(4-37)两边左乘 $\boldsymbol{\Phi}_j^{\mathrm{T}} \boldsymbol{M}$,得:

$$\boldsymbol{\Phi}_j^{\mathrm{T}} \boldsymbol{M} \mathbf{1} = \sum_{i=1}^{n} a_i \boldsymbol{\Phi}_j^{\mathrm{T}} \boldsymbol{M} \boldsymbol{\Phi}_i = a_j \boldsymbol{\Phi}_j^{\mathrm{T}} \boldsymbol{M} \boldsymbol{\Phi}_j \tag{4-38}$$

由上式解得:

$$a_j = \frac{\boldsymbol{\Phi}_j^{\mathrm{T}} \boldsymbol{M} \mathbf{1}}{\boldsymbol{\Phi}_j^{\mathrm{T}} \boldsymbol{M} \boldsymbol{\Phi}_j} = \gamma_j \tag{4-39}$$

将式(4-39)代入式(4-37)得如下表达式:

$$\sum_{i=1}^{n} \gamma_i \boldsymbol{\Phi}_i = \mathbf{1} \tag{4-40}$$

(2)质点 i 任意时刻的地震惯性力

其中多质点体系的地震位移反应的解为:

$$\boldsymbol{x}(t) = \sum_{j=1}^{n} \gamma_j \Delta_j(t) \boldsymbol{\Phi}_j = \sum_{j=1}^{n} \boldsymbol{x}_j(t) \tag{4-41}$$

如图4-8所示的多质点体系,由式(4-41)可得质点 i 任意时刻的水平相对位移反应为:

$$x_i(t) = \sum_{j=1}^{n} \gamma_j \Delta_j(t) \boldsymbol{\Phi}_{ji} \tag{4-42}$$

式中:$\boldsymbol{\Phi}_{ji}$——振型 j 在质点 i 处的振型位移。

则质点 i 在任意时刻的水平相对加速度反应为:

$$\ddot{x}_g(t) = \sum_{j=1}^{n} \gamma_j \ddot{\Delta}_j(t) \boldsymbol{\Phi}_{ji} \tag{4-43}$$

由式(4-40)将水平地面运动加速度表达为:

$$\ddot{x}_g(t) = \left(\sum_{j=1}^{n} \gamma_j \boldsymbol{\Phi}_{ji} \right) \ddot{x}_g(t) \tag{4-44}$$

则可得质点 i 任意时刻的水平地震惯性力为:

$$f_i = -m_i \left[\ddot{x}_i(t) + \ddot{x}_g(t) \right] \tag{4-45}$$

$$= -m_i \left[\sum_{j=1}^{n} \gamma_j \ddot{\Delta}_j(t) \boldsymbol{\Phi}_{ji} + \sum_{j=1}^{n} \gamma_j \boldsymbol{\Phi}_{ji} \ddot{x}_g(t) \right] \tag{4-46}$$

$$= -m_i \sum_{j=1}^{n} \gamma_j \boldsymbol{\Phi}_{ji} \left[\ddot{\Delta}_j(t) + \ddot{x}_g(t) \right] = \sum_{j=1}^{n} f_{ji} \tag{4-47}$$

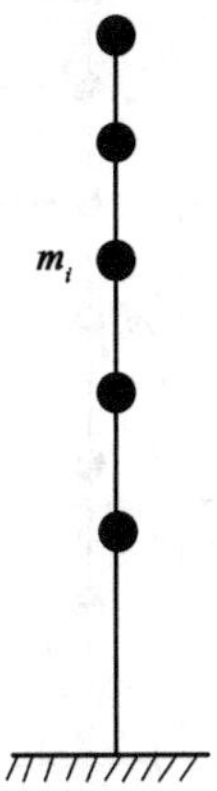

图4-8 多质点体系

式中：f_{ji}——质点 i 的第 j 振型水平地震惯性力。

$$f_{ji} = -m_i\gamma_j\Phi_{ji}[\ddot{\Delta}_j(t) + \ddot{x}_g(t)] \tag{4-48}$$

（3）质点 i 的第 j 振型水平地震作用

将质点 i 的第 j 振型水平地震作用定义为该阶振型最大惯性力，即

$$F_{ji} = |f_{ji}|_{max} \tag{4-49}$$

将式（4-48）代入式（4-49）得到：

$$F_{ji} = m_i\gamma_j\Phi_{ji}|\ddot{\Delta}_j(t) + \ddot{x}_g(t)|_{max} \tag{4-50}$$

注意到 $\ddot{\Delta}_j(t) + \ddot{x}_g(t)$ 是自振频率为 ω_i（或自振周期为 T_j）、阻尼比为 ξ_j 的单自由度体系的地震绝对加速度反应，则由地震反应谱的定义，可将质点 i 的第 j 振型水平地震作用表达为：

$$F_{ji} = m_i\gamma_j\Phi_{ji}S_a(T_j) \tag{4-51}$$

抗震设计采用设计谱，由地震影响系数设计谱与地震反应谱的关系式（4-36）可得：

$$F_{ji} = (m_ig)\gamma_j\Phi_{ji} = G_i\alpha_j\gamma_j\Phi_{ji} \tag{4-52}$$

式中：G_i——质点 i 的重量；

α_j——按体系第 j 阶周期计算的第 j 振型地震影响系数。

（4）振型组合

由振型 j 各质点水平地震作用，按静力分析方法计算，可得体系振型 j 最大地震反应。记体系振型 j 某特定最大地震反应（即振型地震作用效应，如构件内力、楼层位移等）为 S_j，而该特定体系最大地震反应为 S，则可通过各振型反应 S_j 估计 S，此称为振型组合。

由于各振型最大反应不在同一时刻发生，因此直接由各振型最大反应叠加估计体系最大反应，结果会偏大。通过随机振动理论分析，得出采用平方和开方的方法（SRSS 法）估计体系最大反应可获得较好的结果，即

$$S = \sqrt{\sum S_j^2} \tag{4-53}$$

2）底部剪力法

（1）应用条件及计算假定

应用条件：采用振型分解反应谱法计算结构最大地震反应精度计算较高，但是需确定结构各阶周期与振型，运算过程十分烦琐，而且质点较多时，因此只能通过计算机才能进行。为了简化计算，提出了所谓底部剪力法。《建筑抗震设计规范》（GB 50011—2010）规定，对于高度不超过 40m，以剪切变形为主且质量和刚度分布较均匀的结构，可采用底部剪力法计算水平地震作用。

为简化满足上述条件的结构地震反应计算，假定：

①结构的地震反应可用第一振型反应表征；

②结构的第一振型为线性倒三角形，如图 4-9 所示，即任意质点的第一振型位移与其高度成正比。

$$\phi_{1i} = CH_i \tag{4-54}$$

式中：C——比例常数；

H_i——质点 i 离地面的高度。

（2）底部剪力的计算

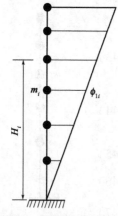

图 4-9　结构简化第一振型

基于上述假定，任意质点 i 的水平地震作用为：

$$F_i = G_i \alpha_1 \gamma_1 \phi_{1i} = G_i \alpha_1 \frac{\phi_1^{\mathrm{T}} M 1}{\phi_1^{\mathrm{T}} M \phi_1} \phi_{1i} = G_i \alpha_1 \frac{\sum\limits_{i=1}^{n} G_j \phi_{1j}}{\sum\limits_{j=1}^{n} G_j \phi_{1j}^2} \phi_{1i} \qquad (4\text{-}55)$$

将式(4-54)代入式(4-55)得:

$$F_i = \frac{\sum\limits_{i=1}^{n} G_j H_j}{\sum\limits_{j=1}^{n} G_j H_j^2} G_i H_i \alpha_1 \qquad (4\text{-}56)$$

则结构底部剪力为:

$$F_{\mathrm{Ek}} = \sum_{i=1}^{n} F_i = \frac{\sum\limits_{i=1}^{n} G_j H_j}{\sum\limits_{j=1}^{n} G_j H_j^2} \sum_{i=1}^{n} G_i H_i \alpha_1 = \frac{\left(\sum\limits_{j=1}^{n} G_j H_j\right)^2}{\left(\sum\limits_{j=1}^{n} G_j H_j^2\right)\left(\sum\limits_{j=1}^{n} G_j\right)} \left(\sum_{j=1}^{n} G_j\right) \alpha_1 \qquad (4\text{-}57)$$

即

$$\chi = \frac{\left(\sum\limits_{j=1}^{n} G_j H_j\right)^2}{\left(\sum\limits_{j=1}^{n} G_j H_j^2\right)\left(\sum\limits_{j=1}^{n} G_j\right)} \qquad (4\text{-}58)$$

$$G_{\mathrm{eq}} = \chi G_{\mathrm{E}} = \chi \sum_{j=1}^{n} G_j \qquad (4\text{-}59)$$

式中:G_{eq}——结构等效总重力荷载;

χ——结构总重力荷载等效系数。

则结构底部剪力的计算可简化为:

$$F_{\mathrm{Ek}} = G_{\mathrm{eq}} \alpha_1 \qquad (4\text{-}60)$$

一般建筑各层重量和层高均大致相同,即

$$G_i = G_j = G \qquad (4\text{-}61)$$

$$H_j = jh \qquad (4\text{-}62)$$

式中:h——层高。

将式(4-61)、式(4-62)代入式(4-58)得:

$$\chi = \frac{3(n+1)}{2(2n+1)} \qquad (4\text{-}63)$$

对于单质点体系,$n=1$,则$\chi=1$。而对于多质点体系,$n \geqslant 2$,则 $\chi=0.75 \sim 0.9$,建筑抗震设计规范规定统一取$\chi=0.85$。

(3)地震作用分布

按式(4-60)求得结构的底部剪力即结构所受的总水平地震作用后,再将其分配至各质点上(图4-10)。为此,将式(4-56)改写为:

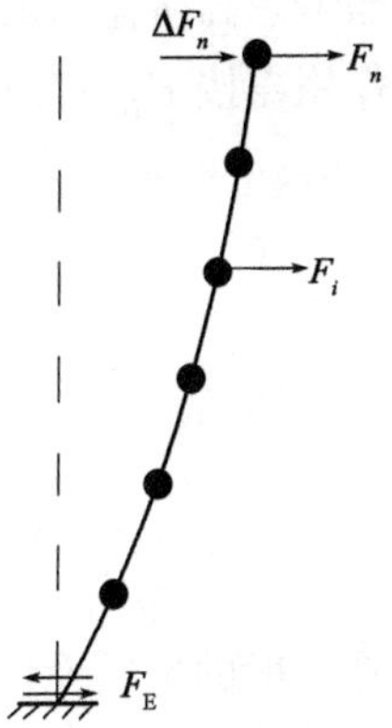

$$F_i = \frac{\left(\sum\limits_{j=1}^{n} G_j H_j\right)^2}{\left(\sum\limits_{j=1}^{n} G_j H_j^2\right)\left(\sum\limits_{j=1}^{n} G_j\right)} \left(\sum_{j=1}^{n} G_j\right) \alpha_1 \frac{G_i H_i}{\sum\limits_{j=1}^{n} G_j H_j} \qquad (4\text{-}64)$$

图4-10 底部剪力法地震作用

将式(4-58)、式(4-59)和式(4-60)代入式(4-46)得:

$$F_i = \frac{G_i H_i}{\sum\limits_{j=1}^{n} G_j H_j} F_{Ek} \quad (i = 1, 2, \cdots, n) \tag{4-65}$$

式(4-65)表示的地震作用分布实际仅考虑了第一振型地震作用。

当结构基本周期较长时,结构的高阶振型地震作用影响不能忽略。图 4-11 显示了高阶振型反应对地震作用分布的影响,可见高阶振型反应对结构上部地震作用的影响较大,为此我国《建筑抗震设计规范》(GB 50011—2010)采用在结构顶部附加集中水平地震作用的方法考虑高阶振型的影响。规范规定,当结构基本周期 $T_1 > 1.4 T_g$ 时,需在结构顶部附加如下集中水平地震作用。

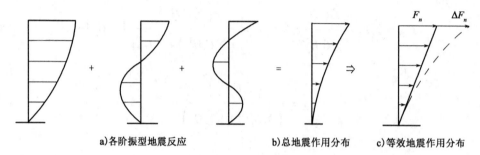

a)各阶振型地震反应   b)总地震作用分布   c)等效地震作用分布

图 4-11   高阶振型反应对地震作用分布的影响

$$\Delta F_n = \delta_n F_{Ek} \tag{4-66}$$

式中:δ_n——结构顶部附加地震作用系数,对于多层钢筋混凝土房屋和钢结构房屋按表4-4采用,对于多层内框架砖房取 $\delta_n = 0.2$,其他房屋可不考虑。

顶部附加地震作用系数 δ_n 表4-4

$T_g(s)$	$T_1 > 1.4 T_g$	$T_1 \leqslant 1.4 T_g$
$\leqslant 0.35$	$0.08 T_1 + 0.07$	
$0.35 \sim 0.55$	$0.08 T_1 + 0.01$	不考虑
$\geqslant 0.55$	$0.08 T_1 - 0.02$	

当考虑高阶振型的影响时,结构的底部剪力仍按式(4-60)计算而保持不变,但各质点的地震作用需按 $F_{Ek} - \Delta F_n = (1 - \delta_n) F_{Ek}$ 进行分布,即

$$F_i = \frac{G_i H_i}{\sum\limits_{j=1}^{n} G_j H_j} (1 - \delta_n) F_{Ek} \quad (i = 1, 2, \cdots, n) \tag{4-67}$$

4.6   竖向地震作用

在一般的抗震设计中,人们对竖向地震作用的影响往往不予考虑,理由是竖向地震作用相当于竖向荷载的增减,结构物在竖向具有良好的承载能力和一定的安全储备,其潜力足以承受竖向地震力,因此不再考虑这一对设计不起控制作用的情况。但震害调查表明,在高烈度的震中区,竖向地震对结构的破坏也有较大影响。对不同高度的砖烟囱、钢筋混凝土烟囱等高耸结

构和高层建筑的上部结构在竖向地震作用下,因上下振动,而会出现受拉破坏,对于大跨度结构,竖向地震引起的结构上下振动惯性力,相当于增加了结构的上下荷载作用。为此《建筑抗震设计规范》(GB 50011—2010)规定:8 度和 9 度时的大跨度结构、长悬臂结构、烟囱和类似的高耸结构,9 度时的高层建筑,应该考虑竖向地震作用。

我国抗震规范按结构类型的不同规定了以下三种不同的方法:

1)高层建筑与高耸结构的竖向地震作用

抗震规范对这类结构的竖向地震作用计算采用了反应谱法。

(1)竖向地震周期与竖向地震影响系数的取值

通过大量的计算表明:

①高耸结构和高层建筑竖向振动周期较短,其基本周期在 0.1 ~ 0.2s 范围内,小于场地竖向反应谱的特征周期 T_g。

②竖向最大地面加速度 a_{vmax} 与水平最大地面加速度 a_{max} 的比值都在 1/2 ~ 2/3 范围内;

③用上述地面运动加速度记录计算所得的竖向地层和水平地震的平均反应谱的形状相差不大。

因此,抗震规范规定:竖向地震影响系数与周期的关系曲线可以沿用水平向地震影响系数曲线;其竖向地震影响系数最大值 α_{vmax} 为水平地震影响系数最大值 α_{max} 的 65%。

(2)竖向地震作用计算

采用时程分析法和振型分解反应谱法对大量的高耸结构及高层结构进行竖向地震作用计算,计算结果发现,第 1 振型起到主要作用,而且,第 1 振型接近于直线。一般的高层建筑和高耸结构竖向振动的基本周期均在 0.1 ~ 0.2s 范围内,即处在地震影响系数最大值的范围内。为此,可得到结构总竖向地震作用标准值 F_{Evk} 和质点 i 的竖向地层作用标准值 F_{vi}(图 4-12)分别为:

$$F_{Evk} = \alpha_{vmax} G_{eq} \qquad (4\text{-}68)$$

$$F_{vi} = \frac{G_i H_i}{\sum\limits_{k=1}^{n} G_k H_k} F_{Evk} \qquad (4\text{-}69)$$

图 4-12 高耸结构

式中:F_{Evk}——结构总竖向地震作用标准值;

$\quad F_{vi}$——质点 i 的竖向地震作用标准值;

$\quad \alpha_{vmax}$——竖向地震影响系数的最大值,可取水平地震影响系数最大值的 65%;

$\quad G_{eq}$——结构等效总重力荷载代表值,可取其重力荷载代表值的 75%。

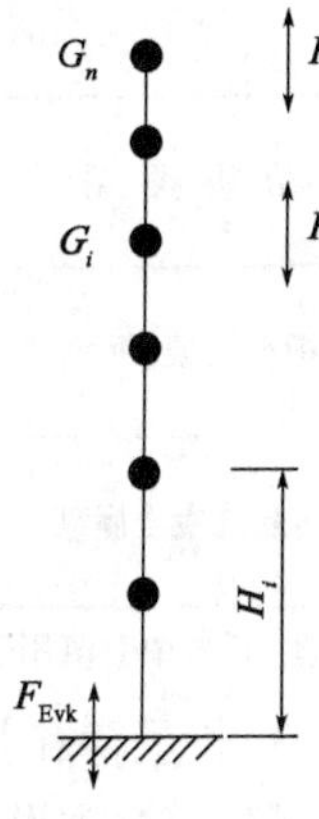

(3)楼层的竖向地震作用效应

楼层的竖向地震作用效应可按各构件承受的重力荷载代表值的比例分配。

综上所述,竖向地震作用的计算步骤为:

①用式(4-68)计算结构总的竖向地震作用标准值 F_{Evk},也就是计算竖向地震所产生的结构底部轴向力;

②用式(4-69)计算各楼层的竖向地震作用标准值 F_{vi},也就是讲结构总的竖向地震作用标准值 F_{Evk} 按倒三角形分布分配到各楼层;

③计算各楼层由竖向地震作用产生的轴向力,第 i 层的轴向力 N_{vi} 为:

$$N_{vi} = \sum_{k=i}^{n} F_{vk} \qquad (4-70)$$

④将竖向地震作用产生的轴向力 N_{vi} 按该层各竖向构件所承受的重力荷载代表值得比例分配到各竖向构件。

2）大跨度结构的竖向地震作用计算

大跨度结构通常包括大于 24m 的钢屋架和预应力混凝土屋架，各类网架和悬索屋盖。这里仅讨论不同类型的平板型网架和跨度大于 24m 的屋架，令：

$$\mu_i = \frac{F_{iEv}}{F_{iG}} \qquad (4-71)$$

式中：F_{iEv}——第 i 杆件在竖向地震作用下的内力；

F_{iG}——第 i 杆件在重力荷载作用下的内力。

采用反应谱法和时程分析法对平板型网架和大跨度屋架竖向地震内力的分布规律进行研究，研究发现：

（1）各杆件的 μ 值相差不大，可取其最大值 μ_{max} 作为设计依据；

（2）比值 μ_{max} 与设防烈度和场地类别有关；

（3）当结构竖向自振周期 T_v 大于特征周期 T_g 时，μ 值随跨度增大而减小，但在常用跨度范围内，μ 值减小不大，可以忽略跨度的影响。

因此，《建筑抗震设计规范》（GB 50011—2010）规定：平板型网架和跨度大于 24m 屋架的竖向地震作用标准值 F_{vi} 可取重力荷载代表值 G_i 和竖向地震作用系数 λ 的乘积，即 $F_{vi} = \lambda G_i$；竖向地震作用系数 λ 可按表4-5采用。

竖向地震作用系数 λ   表4-5

结 构 类 型	烈 度	场 地 类 别		
		I	II	III、IV
平板型网架、钢屋架	8	可不计算(0.10)	0.08(0.12)	0.10(0.15)
	9	0.15	0.15	0.20
钢筋混凝土屋架	8	0.10(0.15)	0.13(0.19)	0.13(0.19)
	9	0.20	0.25	0.25

注：括号中数值用于设计基本地震加速度为 $0.30g$ 的地区。

3）长悬臂和其他大跨度结构的竖向地震作用

《建筑抗震设计规范》（GB 50011—2010）规定，长悬臂和其他大跨度结构的竖向地震作用标准值，8 度和 9 度可分别取该结构、构件重力荷载代表值的 10% 和 20%，即 $F_{vi} = 0.1$（或 0.2）G_i。

4.7 桥梁地震作用

4.7.1 公路桥梁的抗震设防

1）公路桥梁抗震设防目标、设防分类和设防标准

《公路桥梁抗震设计细则》（JTG/T B02-01—2008）根据公路桥梁的重要性和修复（抢修）

的难易程度,将桥梁抗震设防类别分为 A 类、B 类、C 类和 D 类四个抗震设防类别,分别对应于不同的抗震设防标准和设防目标。各抗震设防类别桥梁的抗震设防目标应符合表 4-6 的规定。A 类、B 类和 C 类桥梁必须进行 E1 地震作用和 E2 地震作用下的抗震设计。D 类桥只需要进行 E1 地震作用下的抗震设计。抗震设防烈度为 6 度地区的 B 类、C 类、D 类桥梁,可只进行抗震措施设计。其中 E1 地震作用指的是工程场地重现期较短的地震作用,对应于第一级设防水准,E2 地震作用对应于工程场地重现期较长的地震作用,对应于第二级设防水准。

各设防类别桥梁的抗震设防目标　　　　　　　　　　　　　　　　表 4-6

桥梁抗震设防类别	设 防 目 标	
	E1 地震作用	E2 地震作用
A 类	一般不受损坏或不需修复可继续使用	可发生局部轻微损伤,不需修复或经简单修复可继续使用
B 类	一般不受损坏或不需修复可继续使用	应保证不致倒塌或产生严重结构损伤,经临时加固后可供维持应急交通使用
C 类	一般不受损坏或不需修复可继续使用	应保证不致倒塌或产生严重结构损伤,经临时加固后可供维持应急交通使用
D 类	一般不受损坏或不需修复可继续使用	

一般情况下,桥梁抗震设防分类应根据各桥梁抗震设防类别的适用范围按表 4-7 的规定确定。但对抗震救灾以及在经济、国防上具有重要意义的桥梁或破坏后修复(抢修)困难的桥梁,可按国家批准权限,报请批准后,提高设防类别。抗震设防类别为 6 度及 6 度以上的公路桥梁,必须进行抗震设计。各类桥梁在不同抗震设防烈度下的抗震设防措施等级按表 4-8 确定。

各类桥梁抗震设防类别的适用范围　　　　　　　　　　　　　　表 4-7

桥梁抗震设防类别	适 用 范 围
A 类	单跨跨径超过 150m 的特大桥
B 类	单跨跨径不超过 150m 的高速公路、一级以上的桥梁,单跨跨径不超过 150m 的二级公路上的特大桥、大桥
C 类	二级公路上的中桥、小桥,单跨跨径不超过 150m 三、四级公路上的特大桥、大桥
D 类	三、四级公路上的中桥、小桥

各类公路桥梁抗震设防措施等级　　　　　　　　　　　　　　　表 4-8

桥 梁 分 类	抗震设防烈度					
	6	7		8		9
	0.05g	0.1g	0.15g	0.2g	0.3g	0.4g
A 类	7	8	9	9	更高,专门研究	
B 类	7	8	8	9	9	≥9
C 类	6	7	7	8	8	9
D 类	6	7	7	8	8	9

注:表中 g 为重力加速度。

2）公路桥梁地震作用的一般规定

一般情况下，公路桥梁可只考虑水平向地震作用，直线桥可分别考虑顺桥向 X 和横桥向 Y 的地震作用。抗震设防烈度为 8 度和 9 度的拱式结构、长悬臂桥梁结构和大跨度结构，以及竖向作用引起的地震效应很重要时，应同时考虑顺桥向 X、横桥向 Y 和竖向 Z 的地震作用。公路桥梁抗震作用可以用设计加速度反应谱、设计地震时程和设计地震动功率谱表征。

采用反应谱法或功率谱法同时考虑三个正交方向（水平向 X、Y 和竖向 Z）的地震作用时，可分别单独计算 X 向地震作用产生的最大效应 E_X、Y 向地震作用产生的最大效应 E_Y 与 Z 向地震作用产生的最大效应 E_Z。总的设计最大地震作用效应 E 按下式求取：

$$E = \sqrt{E_X^2 + E_Y^2 + E_Z^2}$$

当采用时程分析法时，应同时输入三个方向分量的一组地震动时程计算地震作用效应。

A 类桥梁、桥址抗震设防烈度为 9 度及 9 度以上的 B 类桥梁，应根据专门的工程场地地震安全性评价确定地震作用。桥址抗震设防烈度为 8 度的 B 类桥梁，宜根据专门的工程场地地震安全性评价确定地震作用。工程场地地震安全性评价应满足一下要求：

（1）桥址存在地质不连续或地形特征可能造成各桥墩的地震动参数显著不同，以及桥梁一联总长超过 600m 时，宜考虑地震动的空间化，包括波传播效应、失相干效应和不同塔墩基础的场地差异。对反应谱法或功率谱法应取场地包络反应谱或包络功率谱。

（2）桥址距有发生 6.5 级以上地震潜在危险的地震活断层 30km 以内时，A 类桥梁工程场地地震安全性评价应符合以下规定：考虑近断裂效应包括上盘效应、破裂的方向性效应；注意设计加速度反应谱长周期段的可靠性；给出顺断层方向和垂直断层方向的地震动 2 个水平分量。B 类桥梁工程场地地震安全性评价中，要选定适当的设定地震，考虑近断裂效应。

3）公路桥梁设计加速度反应谱

（1）水平设计加速度反应谱

阻尼比为 0.05 的桥梁结构水平加速度反应谱 S（图 4-13）由下式确定：

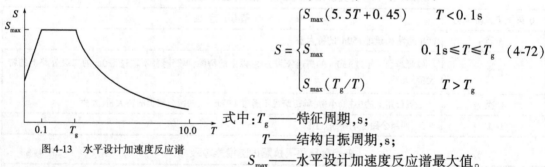

$$S = \begin{cases} S_{\max}(5.5T + 0.45) & T < 0.1\text{s} \\ S_{\max} & 0.1\text{s} \leqslant T \leqslant T_g \\ S_{\max}(T_g/T) & T > T_g \end{cases} \quad (4\text{-}72)$$

式中：T_g——特征周期，s；

图 4-13 水平设计加速度反应谱

T——结构自振周期，s；

$S_{\max}$——水平设计加速度反应谱最大值。

特征周期 T_g 按桥址位置在《中国地震动参数区划图》（GB 18306—2015）上查取，根据场地类别，按表 4-9 取值。

设计加速度反应谱特征周期调整表 表 4-9

区划图上的特征周期(s)	场地类型划分			
	I	II	III	IV
0.35	0.25	0.35	0.45	0.65
0.40	0.30	0.40	0.55	0.75
0.45	0.35	0.45	0.65	0.90

水平加速度反应谱最大值 S_{max} 由下式确定：

$$S_{max} = 2.25 C_i C_s C_d A \tag{4-73}$$

式中：C_i——抗震重要性系数，按表 4-10 取值；

  C_s——场地系数，按表 4-11 取值；

  C_d——阻尼调整系数，除了专门规定外，结构的阻尼比 ξ 应取值 0.05，式(4-72)中的阻尼
    调整系数 C_d 应按下式取值：

$$C_d = 1 + \frac{0.05 - \xi}{0.06 + 1.7\xi} \geqslant 0.55 \tag{4-74}$$

  A——水平向设计基本地震动加速度峰值，按表 4-12 取值。设计基本地震动加速度指
    的是重现期为 475 年的地震动加速度的设计值。

各类桥梁的抗震重要性系数 C_i   表 4-10

桥梁 分类	E1 地震作用	E2 地震作用
A 类	1.0	1.7
B 类	0.43(0.5)	1.3(1.7)
C 类	0.34	1.0
D 类	0.23	—

注：高速公路和一级公里上的大桥、特大桥，其抗震重要性系数取 B 类括号内的值。

场 地 系 数 C_s   表 4-11

场 地 类 型	抗震设防烈度					
	6	7		8		9
	$0.05g$	$0.1g$	$0.15g$	$0.2g$	$0.3g$	$0.4g$
Ⅰ	1.2	1.0	0.9	0.9	0.9	0.9
Ⅱ	1.0	1.0	1.0	1.0	1.0	1.0
Ⅲ	1.1	1.3	1.2	1.2	1.0	1.0
Ⅳ	1.2	1.4	1.3	1.3	1.0	0.9

抗震设防烈度和水平向设计基本地震动加速度峰值 A   表 4-12

设防烈度	6	7	8	9
A	$0.05g$	$0.10(0.15)g$	$0.20(0.30)g$	$0.40g$

（2）竖向设计加速度反应谱

竖向设计加速度反应谱由水平向设计加速度反应谱乘以下式给出的竖向/水平向谱比函
数 R。

基岩场地：

$$R = 0.65 \tag{4-75a}$$

土层场地：

$$R = \begin{cases} 1.0 & T < 0.1\text{s} \\ 1.0 - 2.5(T - 0.1) & 0.1\text{s} \leqslant T \leqslant 0.3\text{s} \\ 0.5 & T \geqslant 0.3\text{s} \end{cases} \tag{4-75b}$$

式中：T——结构自振周期，s。

4)设计地震动时程

已作地震安全性评价的桥址,设计地震动时程应根据专门的工程场地地震安全性评价的结果确定。未作地震安全性评价的桥址,可根据《公路桥梁抗震设计细则》(JTG/T B02-01—2008)设计加速度反应谱,合成与其兼容的设计加速度时程;也可选用与设定地震震级、距离大体相近的实际地震动加速度记录,通过时域方法调整。

为考虑地震动的随机性,设计加速度时程不得少于三组,且应保证任意两组间同方向时程由式(4-76)定义的相关系数 ρ 的绝对值小于0.1。

$$|\rho| = \left| \frac{\sum_j a_{1j} \cdot a_{2j}}{\sqrt{\sum_j a_{1j}^2} \cdot \sqrt{\sum_j a_{2j}^2}} \right| \tag{4-76}$$

5)设计地震动功率谱

已作地震安全性评价的桥址,设计地震动功率谱要根据专门的工程场地地震安全性评价的结果确定。未作地震安全性评价的桥址,可根据设计地震震级、距离,选用适当的衰减关系推算。

4.7.2 规则桥梁地震作用计算

桥梁分为常规桥梁和特殊桥梁。常规桥梁包括单跨跨径不超过150m混凝土桥梁、圬工或混凝土拱桥。斜拉桥、悬索桥、单跨跨径150m以上的桥梁和拱桥属于特殊桥梁。为了简化桥梁结构的动力响应计算及抗震设计和校核,根据其在地震作用下动力响应的复杂程度,桥梁结构分为规则桥梁和非规则桥梁两大类。

规则桥梁的地震反应以第1振型为主,因此可以采用本节将要介绍的简化计算公式进行分析。显然,要满足规则桥梁的定义,实际桥梁结构应在跨数、几何形状、质量分布、刚度分布以及桥址的地质条件等方面服从一定的限制。具体地讲,要求实际桥梁的跨数不应太大,跨径不宜太大(避免轴压力过高),在桥梁纵向和横向上的质量分布、刚度分布以及几何形状都不应有突变,相邻桥墩的刚度差异不应太大,桥墩长细比应处于一定范围,桥址的地形、地质没有突变,而且桥址场地不会有发生液化和地基失效的危险等;对弯桥和斜桥,要求其最大圆心角和斜交角应处于一定范围。借鉴国外规范和国内的一些研究成果,规定表4-13限定范围内的桥梁属于规则桥梁,不在此表限定范围内的梁桥属于非规则桥梁。由于拱桥的地震反应比较复杂,其动力响应一般不由1阶振型控制,将拱桥列为非规则桥梁。

规则桥梁的定义 表4-13

参　　数	参　　数　　值				
单跨最大跨径	90m				
墩高	30m				
单墩高度与直径或宽度比	大于2.5且小于10				
跨数	2	3	4	5	6
曲线桥梁圆心角 φ 及半径 R	单跨 $\varphi < 30°$ 且累计 $\varphi < 90°$,同时曲梁半径 $R \geq 20b$(b 为桥宽)				
跨与跨间最大跨长比	3	2	2	1.5	1.5
轴压比	<0.3				
跨与跨间桥墩最大刚度比	—	4	4	3	2

续上表

参 数	参 数 值
支座类型	普通板式橡胶支座、盆式支座(胶接约束)等,使用滑板支座、减隔震支座等属于非规则桥梁
下部结构类型	桥墩为单柱墩、双柱架墩、多柱排架墩
地基条件	不易液化、侧向滑移或易冲刷的场地,远离断层

1)桥墩水平地震力的计算

规则桥梁水平地震力的计算,采用反应谱法计算时,分析模型中应考虑上部结构、支座、桥墩及基础等刚度的影响。在地震作用下,规则桥梁重力式桥墩顺桥向和横桥向的水平地震力,采用反应谱方法计算时,可按式(4-77)计算。其结构计算简图如图 4-14 所示。

$$E_{ihp} = \frac{S_{h1}\gamma_1 X_{1i} G_i}{g} \tag{4-77}$$

式中:E_{ihp}——作用于桥墩质点 i 的水平地震力,kN;

S_{h1}——相应水平方向的加速度反应谱;

γ_1——桥墩顺桥向或横桥向的基本振型参与系数,按下式计算:

$$\gamma_1 = \frac{\sum\limits_{i=0}^{n} X_{1i} G_i}{\sum\limits_{i=0}^{n} X_{1i}^2 G_i} \tag{4-78}$$

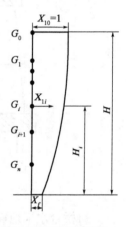

图 4-14 结构计算简图

X_{1i}——桥墩基本振型在第 i 分段重心处的相对水平位移,对于实桥墩,当 $H/B > 5$ 时,$X_{1i} = X_f + \dfrac{1 - X_f}{H} H_i$(一般适用于顺桥向);$H/B < 5$ 时,$X_{1i} = X_f + \left(\dfrac{H_i}{H}\right)^{1/3}(1 - X_f)$(一般适用于横桥向);

X_f——考虑地基变形时,顺桥向作用于支座顶面或横桥向作用于上部结构质量重心上的单位水平力在一般冲刷线或基础顶面引起的水平位移与支座顶面或上部结构质量重心处的水平位移之比值;

H_i——一般冲刷线或基础顶面至墩身各分段重心处的垂直距离,m;

H——桥墩计算高度,即一般冲刷线或基础顶面至支座顶面或上部结构质量重心的垂直距离,m;

B——顺桥向或横桥向的墩身最大宽度(图 4-15),m;

$G_{i=0}$——桥梁上部结构重力,kN,对于简支梁桥,计算顺桥向地震力时,为相应于墩顶固定支座的一孔梁的重力;计算横桥向地震力时,为相邻两孔梁重力的一半;

$G_{i=1,2,3\cdots}$——一桥墩墩身各分段的重力,kN。

规则桥梁的柱式墩,采用反应谱法计算时,其顺桥向水平地震力可采用下列简化公式计算。其计算简图如图 4-16 所示。

$$E_{htp} = \frac{S_{h1} G_t}{g} \tag{4-79}$$

式中:E_{htp}——作用于支座顶面处的水平地震力,kN;

G_t——支座顶面处的换算质点重力,kN;

$$G_t = G_{sp} + G_{cp} + \eta G_p$$

G_{sp}——桥梁上部结构的重力,kN,对于简支梁桥,为相应于墩顶固定支座的一孔梁的重力;

G_{cp}——盖梁的重力,kN;

G_p——墩身重力,kN,对于扩大基础,为基础顶面以上墩身的重力;对于桩基础,为一般冲刷线以上墩身的重力;

η——墩身重力换算系数,按下式计算:

$$\eta = 0.16\left(X_f^2 \times 2X_{f\frac{1}{2}}^2 + X_f X_{f\frac{1}{2}} + X_{f\frac{1}{2}} + 1 \right) \tag{4-80}$$

$X_{f\frac{1}{2}}$——考虑地基变形时,顺桥向作用于支座顶面上的单位水平力在墩身计算高 $H/2$ 处引起的水平位移与支座顶面处的水平位移之比值。

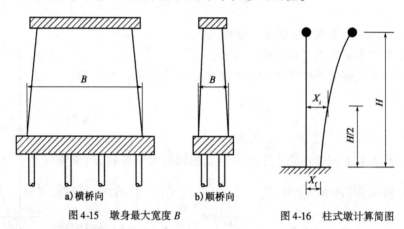

图 4-15　墩身最大宽度 B

图 4-16　柱式墩计算简图

2)桥台水平地震力的计算

桥台的水平地震力可按下式计算:

$$E_{hau} = \frac{C_i C_s C_d A G_{au}}{g} \tag{4-81}$$

式中:E_{hau}——作用于台身重心处的水平地震作用力,kN;

C_i、C_s、C_d——分别为抗震重要性系数、场地系数和阻尼调整系数;

A——水平向设计基本地震动加速度峰值,按表4-9取值;

G_{au}——基础顶面以上台身的重力,kN。

对于修建在基岩上的桥台,其水平地震力可按式(4-81)计算值得80%采用。验算设有固定支座的梁桥桥台时,还应计入由上部结构所产生的水平地震力,其值按式(4-81)计算,但 G_{au} 取一孔梁的重力。

本 章 小 结

(1)地震按成因分类可分为构造地震、火山地震、陷落地震和诱发地震。构造地震发生的次数最多,涉及的范围最广,释放的能量最大,造成的危害也最大,是工程抗震研究中的主要对象。构造地震的成因是：由地壳运动引起地壳岩层发生断裂错动使得地壳震动。地球不停的运动使得地壳内部产生巨大的地应力作用。

（2）按照震源的深浅，地震可分为浅源地震（震源深度小于60km）、中源地震（震源深度60~300km）和深源地震（震源深度大于300km）。建筑物与震中的距离叫作震中距。建筑物与震源的距离叫震源距。地面上受到破坏最严重的地区成为极震区。

（3）地震震级和地震烈度是比较容易混淆。地震的震级是对一次地震强度大小等级的衡量，通常用符号 M 表示。根据地震释放能量多少来划分。地震烈度是指某一特定地区的地面和各建筑物遭受一次地震影响的强弱程度。

（4）地震波与地震动的区分。地震引起的剧烈振动以弹性波的形式从震源向各个方向传播并释放能量，这种波被称为地震波。地震波按传播位置的不同，分为地球内部传播的体波和在地表面传播的面波。体波又可分为纵波（P波）与横波（S波）。面波是体波经地层界面多次反射、折射所形成的次声波。面波分为瑞利波（P波）和乐浦波（L波）。地震动，也被称为地面运动，指的是在地震中，由震源释放出来的地震波引起的地表附近土层的振动。地震动是地震和结构抗震之间的桥梁，又是结构抗震设防的依据。

（5）地震烈度与地震设防。地震的基本烈度是指一个地区未来50年内一般场地条件下可能遭受的具有10%超越概率的地震烈度值。抗震设防是指对规定的抗震设防地区的建筑进行建筑抗震设计和隔震、减震设计，并采取一定的抗震构造措施，以达到结构抗震的效果和目的。抗震设防的依据是抗震设防烈度。工程抗震设防的基本目的是在一定的经济条件下，最大限度地限制和减轻建筑物的地震破坏，保障人民生命财产的安全。我国《建筑抗震设计规范》（GB 50011—2010）中抗震设防的目标可概括为"小震不坏，中震可修，大震不倒"。

（6）单质点体系和多质点体系的理解。单质点弹性体系是指参与振动的结构的全部质量集中于一点，用无重量的弹性直杆支撑于地面上的体系。例如，水塔、单层房屋，因为它们的质量大部分都集中于结构的顶部，所以在进行地震作用下分析时通常将它们看作单质点体系。在实际建设工程中，结构的形式多样化，进行计算时应将其质量相对集中于若干高度处，进而简化成多质点体系进行计算，从而得到切合实际的解答，比如不等高的厂房、多层房屋建筑等。

（7）地震反应谱与设计谱。将单自由度体系的地震最大绝对加速度反应与其自振周期 T 的关系定义为地震加速度反应谱，或简称为地震反应谱。地震（加速度）反应谱可理解为一个确定的地面运动，通过一组阻尼比相同但自振周期各不相同的单自由度体系，所引起的各体系最大加速度反应与相应体系自振周期的关系曲线，影响反应谱的因素有两个：一是体系阻尼比，二是地震动。由地震反应谱可方便地计算单自由度体系水平地震作用为：

$$F = mS_a(T)$$

地震反应谱除受体系阻尼比的影响外，还受到地震动的振幅、频谱等的影响，不同的地震动记录，地震反应谱也不同。当进行结构抗震设计时，由于无法确认知今后发生地震的地震动时程，因而无法确定相应的地震反应谱。地震反应谱直接用于结构的抗震设计有一定的困难，而需专门研究可供结构抗震设计用的反应谱，称之为设计反应谱。

（8）底部剪力法与振型分解反应谱法的应用条件。振型分解反应谱法使用前提：振型关于质量矩阵、刚度矩阵、阻尼矩阵正交，阻尼矩阵采用瑞雷阻尼矩阵（$C = aM + bK$）。底部剪力法，其应用条件：采用振型分解反应谱法计算结构最大地震反应精度计算较高，但是需确定结构各阶周期与振型，运算过程十分繁琐，而且质点较多时，因此只能通过计算机才能进行。为了简化计算,提出了所谓底部剪力法。《建筑抗震设计规范》(GB 50011—2010)规定,对于高度不超过40m,以剪切变形为主且质量和刚度分布较均匀的结构,可采用底部剪力法计算水平地震作用。假定:①结构的地震反应可用第1振型反应表征;②结构的第1振型为线性倒三角形。

(9)竖向地震。震害调查表明,在高烈度的震中区,竖向地震对结构的破坏也有较大影响。对不同高度的砖烟囱、钢筋混凝土烟囱等高耸结构和高层建筑的上部在竖向地震作用下,因上下振动,而会出现受拉破坏,对于大跨度结构,竖向地震引起的结构上下振动惯性力,相当于增加了结构的上下荷载作用。为此,《建筑抗震设计规范》(GB 50011—2010)规定:8度和9度时的大跨度结构、长悬臂结构、烟囱和类似的高耸结构,9度时的高层建筑,应该考虑竖向地震作用。

(10)在桥梁结构中,公路桥梁可只考虑水平向地震作用,直线桥可分别考虑顺桥向 X 和横桥向 Y 的地震作用。抗震设防烈度为8度和9度的拱式结构、长悬臂桥梁结构和大跨度结构,以及竖向作用引起的地震效应很重要时,应同时考虑顺桥向 X、横桥向 Y 和竖向 Z 的地震作用。

桥梁分为常规桥梁和特殊桥梁。常规桥梁包括单跨跨径不超过150m混凝土桥梁、圬工或混凝土拱桥。斜拉桥、悬索桥、单跨跨径150m以上的桥梁和拱桥属于特殊桥梁。规则桥梁水平地震力的计算,采用反应谱法计算时,分析模型中应考虑上部结构、支座、桥墩及基础等刚度的影响。在规则桥梁重力式桥墩顺桥向和横桥向上要进行水平地震力的计算;在进行验算设有固定支座的梁桥桥台时,应计入上部结构所产生的水平地震力。

思考题

4-1 什么是地震震级与地震烈度?

4-2 什么是地震波? 地震波包括哪些? 地震波与地震烈度有何区别?

4-3 地震系数与动力系数的物理意义是什么?

4-4 底部剪力法与振型分解法有何不同? 各自的计算方法是怎样的?

4-5 如何确定竖向地震作用?

4-6 公路桥梁的抗震设防的内容包括哪些?

4-7 规则桥梁地震作用都是计算哪些结构? 如何计算?

第 5 章

岩土的侧向力

5.1 概 述

岩土压力通常是指挡土墙后的填土因自重或外荷载作用对墙体产生的侧压力。由于岩土压力是挡土墙的主要外荷载,因此,设计挡土墙时,首先要确定岩土压力的性质、大小、方向和作用点。岩土压力的计算是比较复杂的问题,岩土压力的大小还与墙后岩土的性质、墙背倾斜方向等因素有关。

挡土墙是防止土体坍塌的构筑物,在建筑、桥梁、道路及水利等工程中得到广泛应用,例如,支撑建筑物周围填土的挡土墙、地下室侧墙、桥台及储藏粒状材料的挡墙等(图 5-1)。又如大、中桥两岸引道路堤的两侧挡土墙,还有深基坑开挖支护墙及隧道、水闸、驳岸等构筑物的挡土墙。挡土墙设计包括结构类型选择、构造措施及计算。由于挡土墙侧作用土压力,计算中抗倾覆和抗滑移稳定性验算十分重要。挡土墙通常容易发生绕墙趾点倾覆,但当地基软弱时,滑动可能发生在地基持力层之中,即所谓的挡土墙连同地基一起滑动。

本章介绍 3 种土压力的基本概念、静止土压力、两种古典理论计算主动、被动土压力及其应用。

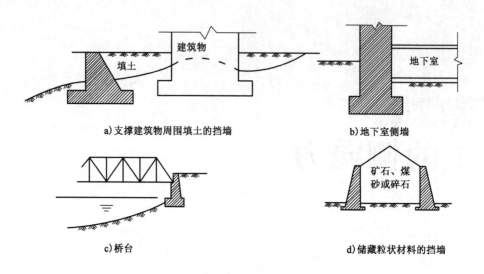

a)支撑建筑物周围填土的挡墙   b)地下室侧墙

c)桥台   d)储藏粒状材料的挡墙

图 5-1　挡土墙应用举例

5.2　概念和分类

挡土墙的土压力大小及其分布规律受到墙体可能的位移方向、墙背填土的种类、填土面的形式、墙的截面刚度和地基的变形等一系列因素的影响。仓库挡土墙的谷物压力也可采用土压力理论来计算。根据墙的位移情况和墙后土体所处的应力状态,土压力可分为以下 3 种。

(1)静止土压力。当挡土墙静止不动,土体处于弹性平衡状态时,作用在挡土墙上的土压力称为静止土压力,用 E_0 表示。如图 5-2a)所示,上部结构建起的地下室可视为受静止土压力的作用。

(2)主动土压力。当挡土墙向离开土体方向偏移至土体达到极限平衡状态时,作用挡土墙上的土压力为主动土压力,用 E_a 表示,如图 5-2b)所示。

(3)被动土压力。当挡土墙向土体方向偏移至土体达到极限平衡状态时,作用在挡土墙上的土压力被称为被动土压力,用 E_p 表示,如图 5-2c)所示,桥台受到桥上荷载推向土体时,土对桥台产生的侧向压力属于被动土压力。

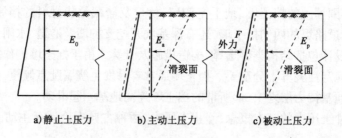

a)静止土压力   b)主动土压力   c)被动土压力

图 5-2　挡土墙侧的三种土压力

挡土墙计算均属平面应变问题,故在土压力的计算中,均取一延米的墙长度,土压力单位取 kN/m,而土压力强度则取 kPa。土压力的计算理论主要有古典的 W.J.M 朗肯理论和 C.A.库伦理论。两种古典土压力理论把土体视为刚塑形体,按照极限平衡理论求解其方程。自从库伦理论发表以来,人们先后进行过多次多种的挡土墙模型试验、原型观测和理论研究。试验表明,在相同条件下,主动土压力小于静止土压力,静止土压力小于被动土压力,即 $E_a < E_0 < E_p$,而且产生被动土压力所需要的微小位移 Δp 大大超过产生主动土压力所需要的微小位移 Δa,如图 5-3 所示。

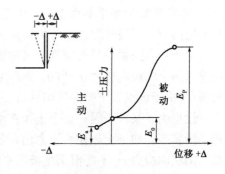

图 5-3 墙身位移和土压力的关系

5.3 静止土压力

静止土压力可以按以下方法计算。在墙背填土距表面任意深度 z 处取一单元体(图 5-4),其上作用着竖向自重应力 γz,则该点的静止土压力强度可按下式计算:

$$\sigma_0 = K_0 \gamma z \tag{5-1}$$

式中:σ_0——静止土压力强度;

  K_0——静止土压力系数;

  γ——墙背填土的重度。

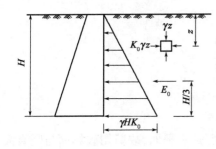

图 5-4 静止土压力计算示意

由式可知,静止土压力沿墙高为三角形分布,如图 5-4 所示。如果取单位墙长,则作用在墙上的静止土压力为:

$$E_0 = \left(\frac{1}{2}\right)\gamma H^2 K_0 \tag{5-2}$$

式中:E_0——静止土压力,kN/m,E_0 的作用点在距墙底 $\frac{H}{3}$ 处;

  H——挡土墙高度,m。

5.4 朗肯土压力理论

5.4.1 基本假设

朗肯土压力理论是根据半空间的应力状态和土单元体(土中一点)的极限平衡条件而得出的土压力古典理论之一。

如图 5-5a)所示地表为水平面的半空间,即土体向下和沿水平方向都延伸至无穷,在离地表 z 处取一单元体 M,当整个土体都处于静止状态时,各点都处于弹性平衡状态。设土的重度

为 γ,显然 M 单元水平截面上的法向应力等于该点土的自重应力,即 $\sigma_z = \gamma z$;而竖直截面上的水平法向应力相当于静止土压力强度,即 $\sigma_x = \sigma_0 = K_0 \gamma z$。

由于半空间每一竖直面都是对称面,因此竖直截面和水平截面上的剪应力都等于零,因而相应截面上的法向应力 σ_z 和 σ_x 都是主应力,此时的应力状态用莫尔圆表示为如图5-5d)所示的圆Ⅰ,由于该点处于弹性平衡状态,故莫尔圆没有和抗剪强度包线相切。

设想由于某种原因将整个土体在水平均匀地延伸或压缩,使土体由弹性平衡状态转为塑形平衡状态。如果土体在水平方向延展,则 M 单元竖向截面的法向应力逐渐减少,当水平截面上的法向应力 σ_z 不变而满足极限平衡条件时,σ_x 是小主应力,而 σ_z 是大主应力,即莫尔圆与抗剪强度包线相切,如图5-5d)中的圆Ⅱ所示,称为主动朗肯状态[(图5-5b)]。此时,σ_x 达到最低限值,若土体继续延展,则只能造成塑形流动,而不改变其应力状态。反之,如果土体在水平方向压缩,那么,σ_x 不断增加而 σ_z 仍保持不变,直到满足极限平衡状态,称为被动朗肯状态[5-5c)]。此时 σ_x 达到极限值,是大主应力,而 σ_z 是小主应力,莫尔圆为如图5-5d)所示的圆Ⅲ。

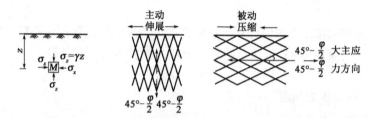

a)半空间内的微单元体　b)半空间的主动朗肯状态　c)半空间的被动朗肯状态

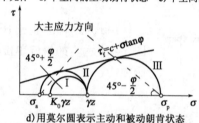

d)用莫尔圆表示主动和被动朗肯状态

图5-5　半空间的极限平衡状态

由于土体处于主动朗肯状态时大主应力 σ_1 所作用的面是水平面,故剪切破坏面与竖直面的夹角为 $\left(45° - \dfrac{\varphi}{2}\right)$[图5-5c)];当土体处于被动朗肯状态时,大主应力的作用面是竖直面,剪切破坏面与水平面的夹角为 $\left(45° + \dfrac{\varphi}{2}\right)$[图5-5d)],整个土体由相互平行的两簇剪切面组成。

朗肯将上述原理应用于挡土墙压力计算中,假设以墙背光滑、直立、填土面水平的挡土墙代替半空间左边的土,则墙背与土的接触面满足剪应力为零的边界应力条件及产生主动或被动朗肯状态的边界变形条件,由此推导出主动、被动土压力计算的理论公式。

5.4.2　主动土压力

对于图5-6所示挡土墙,设墙背光滑(为了满足剪应力为零的边界应力条件)、直立、填土面水平。当挡土墙偏移土体时,由于墙背任意深度 z 处的竖向应力 $\sigma_z = \gamma z$ 不变,是大主应力 σ_1 不变;水平应力 σ_x 逐渐减少直至达到主动朗肯状态,是小主应力 σ_3,即主动土压力强度 σ_a,由

极限平衡条件分别得:

无黏性土、粉土

$$\sigma_a = \gamma z \tan^2\left(45° - \frac{\varphi}{2}\right) \tag{5-3a}$$

或

$$\sigma_a = \gamma z K_a \tag{5-3b}$$

黏性土、粉土

$$\sigma_a = \gamma z \tan^2\left(45° - \frac{\varphi}{2}\right) - 2c\tan\left(45° - \frac{\varphi}{2}\right) \tag{5-4a}$$

或

$$\sigma_a = \gamma z K_a - 2c\sqrt{K_a} \tag{5-4b}$$

式中:σ_a——主动土压力强度;

   K_a——朗肯主动土压力系数,$K_a = \tan^2\left(45° - \frac{\varphi}{2}\right)$;

   γ——墙厚填土的重度,kN/m^3,地下水位以下采用有效重度;

   c——填土的黏聚力,kPa;

   φ——填土的内摩擦角,°;

   z——所有计算点离填土面的深度,m。

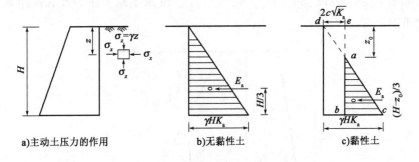

图5-6 主动土压力强度分布图

由式(5-3)可知,无黏性土的主动土压力强度与 z 成正比,沿墙高呈三角形分布,如图5-2b)所示,如取单位墙长计算,则无黏性土的主动土压力为:

$$E_a = \frac{1}{2}\gamma H^2 \tan^2\left(45° - \frac{\varphi}{2}\right) \tag{5-5a}$$

或

$$E_a = \frac{1}{2}\gamma H^2 K_a \tag{5-5b}$$

式中,E_a 为无黏性土主动土压力,kN/m,E_a 通过三角形形心,即作用点距离墙底 $H/3$。

由式(5-4)可知,黏性土和粉土的主动土压力强度包括两部分:一部分是土自重引起的土压力 $\gamma z K_a$,另一部分是由黏聚力 c 引起的负侧压力 $2c\sqrt{K_a}$。这两部分土压力叠加的结果如图5-6c)所示,其中 ade 部分是负侧压力,对墙背是拉力,但实际上,墙与土在很小的拉力作用下就会分离,故在计算土压力时,这部分忽略不计,因此黏性土和粉土的土压力分布仅是 abc 部分。

a 点离填土面的深度z_0常称为临界深度,在填土面无荷载的条件下,可令式(5-4b)为零,求得z_0值,即

$$\sigma_a = \gamma z_0 K_a - 2c\sqrt{K_a} = 0 \tag{5-6}$$

则

$$z_0 = \frac{2c}{\gamma\sqrt{K_a}} \tag{5-7}$$

如取单位墙长计算,则黏性土和粉土的主动土压力E_a为:

$$E_a = \frac{(H - z_0)(\gamma H K_a - 2\sqrt{K_a})}{2} \tag{5-8}$$

或

$$E_a = \frac{1}{2}\gamma H^2 K_a - 2cH\sqrt{K_a} + \frac{c^2}{\gamma} \tag{5-9}$$

式中,E_a为黏性土和主动土压力,kN/m,E_a通过三角形压力分布图 abc 的形心,即作用在离墙底$(H - z_0)/3$处。

【例5-1】 如图5-7所示,有一挡土墙,高5m,墙背直立、光滑,填土面水平。填土的物理力学性质指标如下:$c = 10\text{kPa}$,$\varphi = 20°$,$\gamma = 18\text{kN/m}^3$。试求主动土压力及其作用点,并绘制主动土压力分布图。

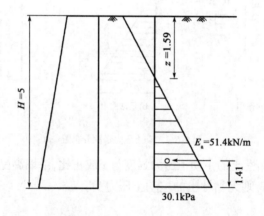

图5-7 例5-1图(尺寸单位:m)

【解】 在墙底处的主动土压力强度按朗肯土压力理论为:

$$\sigma_a = \gamma H \tan^2\left(45° - \frac{\varphi}{2}\right) - 2c\tan\left(45° - \frac{\varphi}{2}\right)$$

$$= 18 \times 5 \times \tan^2\left(45° - \frac{20°}{2}\right) - 2 \times 10 \times \tan\left(45° - \frac{20°}{2}\right) = 30.1(\text{kPa})$$

主动土压力为:

$$E_a = \frac{1}{2}\gamma H \tan^2\left(45° - \frac{\varphi}{2}\right) - 2cH\tan\left(45° - \frac{\varphi}{2}\right) + \frac{2c^2}{\gamma} = 51.4(\text{kN/m})$$

临界深度为:

$$z_0 = \frac{2c}{\gamma\sqrt{K_a}} = \frac{2 \times 10}{18 \times \tan\left(45° - \frac{20°}{2}\right)} \approx 1.59(\text{m})$$

主动土压力 E_a 作用在离墙底的距离为:

$$\frac{H - z_0}{3} = \frac{5 - 1.59}{3} = 1.14(\text{m})$$

主动土压力分布如图5-7所示。

5.4.3 被动土压力

当墙受到外力作用而推向土体时[图5-8a)],填土中任意一点的竖向应力 $\sigma_z = \gamma z$ 不变,它是小主应力 σ_3;而水平向应力 σ_x 却逐渐增大,它具大主应力直至出现被动朗肯状态,σ_x 达到最大极限值——被动土压力强度 σ_p,于是可得:

无黏性土

$$\sigma_p = \gamma z K_p \tag{5-10}$$

黏性土和粉土

$$\sigma_p = \gamma H K_p + 2c\sqrt{K_p} \tag{5-11}$$

式中:K_p——朗肯被动土压力系数,$K_p = \tan^2\left(45° + \frac{\varphi}{2}\right)$;

其余符号意义同前。

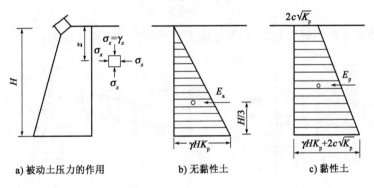

图5-8 被动土压力分布图

由式(5-10)和式(5-11)可知,无黏性土的被动土压力强度呈三角形分布[图5-8b)],黏性土和粉土的被动土压力强度呈梯形部分[图5-8c)]。如取单位墙长计算,则被动土压力可由下式计算:

$$E_p = \frac{1}{2}\gamma H^2 K_p \tag{5-12}$$

$$E_p = \frac{1}{2}\gamma H^2 K_p + 2cH\sqrt{K_p} \tag{5-13}$$

被动土压力 E_p 通过三角形或梯形压力分布的形心。

5.4.4 有超载时的主动土压力

通常将挡土墙后填土表面上的分布荷载称为超载。挡土墙后填土面有连续均布荷载 q 作用时,土压力的计算方法是将均布荷载换算成当量的土重,即用假想的土重代替均布荷载。当填土面水平时,当量的土层厚度为:

$$h = \frac{q}{\gamma} \tag{5-14}$$

式中:γ——填土的重度,kN/m^3。

然后,以 $A'B$ 为墙背,按假想的填土面无荷载的情况计算土压力。以无黏性填土为例,按朗肯土压力理论,填土面 A 点的主动土压力强度为:

$$\sigma_{aA} = \gamma h K_a = q K_a \tag{5-15}$$

墙底 B 点的土压力强度为:

$$\sigma_{aB} = \gamma (h + H) K_a = (q + \gamma H) K_a \tag{5-16}$$

压力分布如图 5-9a)所示,实际的土压力分布图为梯形 $ABCD$ 部分,土压力的作用点在梯形的重心。

当填土面和墙背倾斜时[图 5-9b)],当量土层的厚度仍为 $h = \frac{q}{\gamma}$,假想的填土面与墙背 AB 的延长线交于 A' 点,故以 $A'B$ 为假想墙背计算主动土压力,但由于填土面和墙背面倾斜,假想的墙高应为 $h' + H$,根据 $\Delta A'AE$ 的几何关系可得:

$$h' = \frac{h\cos\beta \cdot \cos\alpha}{\cos(\alpha - \beta)} \tag{5-17}$$

然后,同样以 $A'B$ 为假想的墙背,按地面无荷载的情况计算土压力。

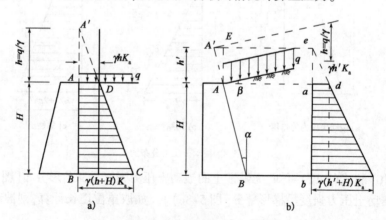

图 5-9 填土面有均布荷载时的主动土压力

当填土表面上的均布荷载从墙背后某一距离开始,如图 5-10a)所示,在这种情况下的土压力计算可按以下方法进行:自均布荷载起点 O 作两条辅助线 OD 和 OE,分别与水平成夹角 φ 和 θ,对于垂直光滑的墙背,$\theta = 45° + \dfrac{\varphi}{2}$,可以认为 D 点以上的土压力不受地面荷载的影响,

E 点以下完全受均布荷载影响,D 点和 E 点间的土压力用直线连接,因此墙背 AB 上的土压力为图中阴影部分。若地面上均布荷载在一定宽度范围内,如图 5-10b)所示,从荷载的两端 O 点及 O' 作两条辅助线 OD 和 OE',都与水平面成 θ 角。认为 D 点以上和 E 点以下的土压力都不受地面荷载的影响,D 点、E 点之间的土压力按均布荷载计算,AB 墙面上的土压力如图中阴影部分。

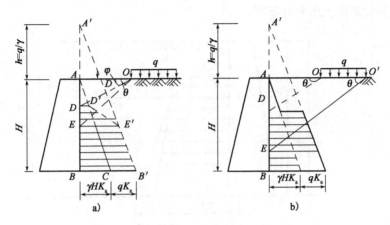

图 5-10 填土面有局部均布荷载时主动土压力

5.4.5 非均质填土的主动土压力

1)成填土层

如图 5-11 所示的挡土墙,墙后有几层不同种类的水平土层,在计算土压力时,第一层的土压力按均质土计算,土压力的分布为图中的 abc 部分;计算第二层土压力时,将第一层土按重度换算成与第二层相同的当量土层,即其当量土层厚度为 $h_1' = \dfrac{h_1\gamma_1}{\gamma_2}$,然后以 $h_1' + h_2$ 为墙高,按均质土计算土压力,但只在第二层土层厚度范围内有效如图中的 $bdfe$ 部分。必须注意,由于各层土的性质不同,朗肯主动土压力系数 K_a 值也不同。图 5-11 中所示的土压力强度计算公式是以无黏性($\varphi_1 < \varphi_2$)为例。

2)墙后填土有地下水

挡土墙后的回填土常会部分或全部处于地下水位以下,地下水的存在将使土的含水率增加,抗剪强度降低,而使土压力增大,因此,挡土墙应该有良好的排水措施。

当墙后填土有地下水时,作用在墙背上的侧压力有土压力和水压力两部分,地下水位以下土的重度应采用浮重度,地下水位以上和以下土的抗剪强度指标也可能不同(地下水对无黏性土的影响可忽略),因而有地下水的情况也是成层填土的一种特定情况。计算土压力时,假设地下水位上下土的内摩擦角相同,在图 5-12 中,$abdec$ 部分为土压力分布图,cef 部分为水压力

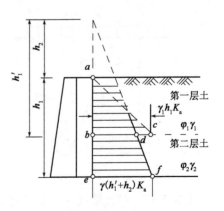

图 5-11 成填土层的土压力计算

分布图,总侧压力为土压力和水压力之和。图 5-12 中所示的土压力强度计算也是以无黏性填土为例。当具有地区工程实践经验时,对黏性土,也可按水土合算原则计算土压力,地下水位以下取饱和重度(γ_{sat})和总应力固结不排水抗剪强度指标(c_{cu}、φ_{cu})计算。

【例 5-2】 挡土墙高 6m,并有均布荷载 $q = 10$kPa,见图 5-12,填土的物理力学性质指标:$\phi = 45°$,$c = 0$,$\gamma = 19$kN/m³,墙背直立、光滑,填土面水平。试求挡土墙的主动土压力 E_a 及其作用点位置,并绘制出土压力分布图。

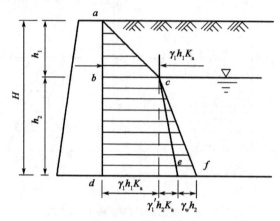

图 5-12 例 5-2 图

【解】 将地面均布荷载换算成填土的当量土层厚度:

$$h = \frac{q}{\gamma} = \frac{10}{19} = 0.526(\text{m})$$

在填土面处的土压力强度为:

$$\sigma_{aA} = \gamma h K_a = q K_a = 10 \times \tan^2\left(45° - \frac{34°}{2}\right) = 2.8(\text{kPa})$$

在墙底处的土压力强度为:

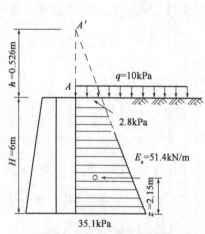

图 5-13 例 5-2 土压力分布图

$$\sigma_{aB} = \gamma(h + H)K_a = (q + \gamma H)\tan^2\left(45° - \frac{\varphi}{2}\right)$$

$$= (10 + 19 \times 6) \times \tan^2\left(45° - \frac{34°}{2}\right) = 35.1(\text{kPa})$$

主动土压力为:

$$E_a = \frac{(\sigma_{aA} + \sigma_{aB})H}{2} = \frac{(2.8 + 35.1) \times 6}{2} = 113.8(\text{kN/m})$$

土压力作用点位置离墙底或离墙顶分别为:

$$z = \begin{cases} \dfrac{H}{3} \cdot \dfrac{2\sigma_{aA} + \sigma_{aB}}{\sigma_{aA} + \sigma_{aB}} = 2.15\text{m} \\[3mm] \dfrac{H}{3} \cdot \dfrac{\sigma_{aA} + 2\sigma_{aB}}{\sigma_{aA} + \sigma_{aB}} = 3.85\text{m} \end{cases}$$

土压力分布图如图 5-13 所示。

【例 5-3】 挡土墙高 5m,墙背直立、光滑,填土面水平,共分两层,各层土的物理力学指标如图 5-14 所示,试求主动土压力 E_a,并绘制出土压力分布图。

【解】 计算第一层填土的土压力强度,层顶处和层底处分别为:

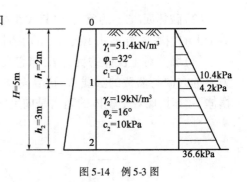

图 5-14　例 5-3 图

$$\sigma_{a0} = \gamma_1 z \tan^2\left(45^\circ - \frac{\varphi_1}{2}\right) = 0$$

$$\sigma_{a1} = \gamma_1 h_1 \tan^2\left(45^\circ - \frac{\varphi_1}{2}\right) = 17 \times 2 \times \tan^2\left(45^\circ - \frac{32^\circ}{2}\right)$$

$$= 17 \times 2 \times 0.307 = 10.4(\text{kPa})$$

第二层填土顶面和底面的土压力强度分别为:

$$\sigma_{a1} = \gamma_1 h_1 \tan^2\left(45^\circ - \frac{\varphi_2}{2}\right) - 2c_2 \tan\left(45^\circ - \frac{\varphi_2}{2}\right)$$

$$= 17 \times 2 \times \tan^2\left(45^\circ - \frac{16^\circ}{2}\right) - 2 \times 10 \times \tan\left(45^\circ - \frac{16^\circ}{2}\right)$$

$$= 4.2(\text{kPa})$$

$$\sigma_{a2} = (\gamma_1 h_1 + \gamma_2 h_2) \tan^2\left(45^\circ - \frac{\varphi_2}{2}\right) - 2c_2 \tan\left(45^\circ - \frac{\varphi_2}{2}\right)$$

$$= (17 \times 2 + 19 \times 3) \times \tan^2\left(45^\circ - \frac{16^\circ}{2}\right) - 2 \times 10 \times \tan\left(45^\circ - \frac{16^\circ}{2}\right)$$

$$= 36.6(\text{kPa})$$

主动土压力 E_a 为:

$$E_a = \frac{10.4 \times 2}{2} + \frac{(4.2 + 36.6) \times 3}{2} = 71.6(\text{kN/m})$$

主动土压力分布如图 5-14 所示。

5.5　库伦土压力理论

库伦土压力理论是根据墙后土体处于极限平衡状态形成一滑动楔体时,从楔体的静力平衡条件得出的土压力理算理论。其基本假设:①墙后的填土是理想的散粒体;②滑动破坏面为一平面。

5.5.1　主动土压力

一般挡土墙的计算均属于平面应变问题,均沿墙的长度方向取 1m 进行分析,如图 5-15a) 所示。当墙向前移动或转动而使墙后土体沿某一破坏面 $\overline{BC}$ 破坏时,土楔 ABC 向下滑动而处于主动极限平衡状态。此时,作用于土楔 ABC 上的力有:

(1) 土楔体的自重 $G = S_{ABC} \cdot \gamma$,γ 为填土的重度,只要破坏面 $\overline{BC}$ 的位置一确定,G 的大小就是已知值,其方向向下:

(2)破坏面$\overline{BC}$上的反力R,其大小是未知的。反力R与破坏面$\overline{BC}$的法线N_1之间的夹角等于土的内摩擦角φ,并位于N_1的下侧;

(3)墙背对土楔体的反力E,与它大小相等、方向相反的作用力就是墙背上的土压力。反力E的方向与墙背的法线N_2成δ角,δ角为墙背与填土之间的摩擦角,称为外摩擦角。当土楔体下滑时,墙对土楔体的阻力是向上的,故反力E必在N_2的下侧。

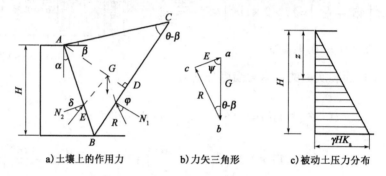

a)土壤上的作用力 b)力矢三角形 c)被动土压力分布

图 5-15 库伦理论求主动土压力

土楔体在以上三力的作用下处于静力平衡状态,因此必构成一闭合的力矢三角形[图5-15b)],按正弦定律可知:

$$E = \frac{G\sin(\theta - \varphi)}{\sin(\theta - \varphi + \Psi)} \tag{5-18}$$

式中,$\Psi = 90° - \alpha - \delta$,其余符号意义如图 8-16 所示。

土楔重G的计算如下:

$$G = S_{ABC} \cdot \gamma = \frac{\gamma \cdot \overline{BC} \cdot \overline{AD}}{2} \tag{5-19}$$

在ΔABC中,利用正弦定律得:

$$\overline{BC} = \frac{\overline{AB} \cdot \cos(90° - \alpha + \beta)}{\sin(\theta - \beta)} \tag{5-20}$$

因为$\overline{AB} = \dfrac{H}{\cos\alpha}$,故:

$$\overline{BC} = \frac{H \cdot \cos(\alpha - \beta)}{\cos\alpha \cdot \sin(\theta - \beta)} \tag{5-21}$$

在通过A点作BC线的垂线AD,由ΔADB得:

$$\overline{AD} = \overline{AB} \cdot \cos(\theta - \beta) = \frac{H \cdot \cos(\theta - \alpha)}{\cos\alpha} \tag{5-22}$$

将式(5-21)和式(5-22)代入式(5-19)得:

$$G = \frac{\gamma H^2}{2} \cdot \frac{\cos(\alpha - \beta) \cdot \cos(\theta - \alpha)}{\cos^2\alpha \sin(\theta - \beta)} \tag{5-23}$$

将式(5-23)代入式(5-18),得E的表达式为:

$$E = \frac{1}{2}\gamma H^2 \cdot \frac{\cos(\alpha - \beta) \cdot \cos(\theta - \alpha) \cdot \sin(\theta - \varphi)}{\cos^2\alpha \cdot \sin(\theta - \beta) \cdot \sin(\theta - \varphi + \Psi)} \tag{5-24}$$

在式(5-24)中,γ、H、α、β、φ、Ψ 都是已知的,而滑动面 $\overline{BC}$ 与水平面的倾角 θ 是任意假定的,因此,假定不同的滑动面可以得出一系列相应的土压力 E 值,也就是说,E 是 θ 的函数。E 的最大值 $E_{\max}$ 即为墙背的主动土压力,其所对应的滑动面即是土楔最危险的滑动面。为求主动土压力,可用微分学中求极值的方法求 $E_{\max}$,因此可令 $\dfrac{\mathrm{d}E}{\mathrm{d}\theta}=0$,从而解得使 E 为极大值时填土的破坏倾角 θ_{cr},这就是真正滑动面的倾角,将 θ_{cr} 代入式(5-24),整理后可得库伦主动土压力的一般表达式如下:

$$E_{\mathrm{a}} = \frac{1}{2}\gamma H^2 \cdot \frac{\cos^2(\varphi-\alpha)}{\cos^2\alpha\cos(\alpha+\delta) \cdot \left[1 + \sqrt{\dfrac{\sin(\delta+\varphi) \cdot \sin(\theta-\beta)}{\cos(\alpha+\delta) \cdot \cos(\alpha-\beta)}}\right]^2} \qquad (5\text{-}25)$$

或
$$E_{\mathrm{a}} = \frac{1}{2}\gamma H^2 K_{\mathrm{a}} \qquad (5\text{-}26\mathrm{a})$$

$$K_{\mathrm{a}} = \frac{\cos^2(\varphi-\alpha)}{\cos^2\alpha\cos(\alpha+\delta)\left[1 + \sqrt{\dfrac{\sin(\delta+\varphi) \cdot \sin(\theta-\beta)}{\cos(\alpha+\delta) \cdot \cos(\alpha-\beta)}}\right]^2} \qquad (5\text{-}26\mathrm{b})$$

式中:K_{a}——库伦主动土压力系数,可按式(5-26b)计算确定;

H——挡土墙高度,m;

γ——墙后填土的重度,$\mathrm{KN/m^3}$;

φ——墙后填土的内摩擦角;

α——墙背的倾角,俯倾时取正号(图5-15),仰倾为负号;

β——墙后填土面的倾角;

δ——土对挡土墙背的外摩擦角,查表5-1确定。

土对挡土墙墙背的外摩擦角　　表5-1

挡土墙情况	外摩擦角 δ	挡土墙情况	外摩擦角 δ
墙背平滑、排水不良	$(0\sim0.33)\varphi$	墙背很粗糙、排水不良	$(0.5\sim0.67)\varphi$
墙背粗糙、排水良好	$(0.33\sim0.5)\varphi$	墙背与填土间不可能滑动	$(0.67\sim1.0)\varphi$

注:1.φ 为墙背填土的内摩擦角。

2.当考虑汽车冲击以及渗水影响时,填土对桥台背的摩擦角可取 $\delta=\varphi/2$。

当墙背垂直($\alpha=0$)、光滑($\delta=0$)、填土面水平($\beta=0$)时,式(5-25)可写为:

$$E_{\mathrm{a}} = \frac{1}{2}\gamma H^2 \tan^2\left(45° - \frac{\varphi}{2}\right) \qquad (5\text{-}27)$$

可见,在上述条件下,库伦公式和朗肯公式相同。

由式(5-26)可知,主动土压力强度沿墙高的平方成正比,为求得离墙顶为任意深度 z 处的主动土压力强度 σ_{a},可将 E_{a} 对 z 取导数而得,即

$$\sigma_{\mathrm{a}} = \frac{\mathrm{d}E_{\mathrm{a}}}{\mathrm{d}z} = \frac{\mathrm{d}}{\mathrm{d}z}\left(\frac{1}{2}\gamma z^2 K_{\mathrm{a}}\right) = \gamma z K_{\mathrm{a}} \qquad (5\text{-}28)$$

由式(5-28)可见,主动土压力强度沿墙高呈三角分布[图5-15c)]。主动土压力的作用点离墙底$\frac{H}{3}$处,作用线方向与墙背法线的夹角为δ。必须注意,在图5-15c)所示的土压力强度分布图中只表示其大小,而不代表其作用方向。

【例5-4】 挡土墙高4m,墙背倾斜角$\alpha = 10°$(俯斜),填土坡角$\beta = 30°$,填土重度$\gamma = 18 \mathrm{kN/m^3}$,$\varphi = 30°$,$c = 0$,填土与墙背的摩擦角$\delta = \frac{2\varphi}{3} = 20°$,如图5-16所示。按库伦理论求主动土压力$E_a$及其作用点。

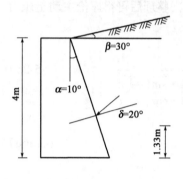

【解】 根据$\alpha = 10°$、$\beta = 30°$、$\delta = 20°$、$\varphi = 30°$,由式(5-25b)得到库伦主动土压力系数$K_a = 1.051$,由式(5-26a)计算主动土压力:

$$E_a = \frac{1}{2}\gamma H^2 K_a = \frac{18 \times 4^2 \times 1.051}{2} = 151.3(\mathrm{kN/m})$$

图5-16 例5-4图

土压力作用点在离墙底$\frac{H}{3} = \frac{4}{3} = 1.33(\mathrm{m})$处。

5.5.2 被动土压力

当墙受外力作用推向填土,直至土体沿某一破坏面$\overline{BC}$破坏时,土楔ABC向上滑动,并处于被动极限平衡状态[图5-17a)]。此时,土楔ABC在其自重G和反力R和E的作用下平衡[图5-17b)],R和E的方向都分别在$\overline{BC}$和$\overline{AB}$面法线的上方。按上述求主动土压力同样的原理,可求得被动土压力的库伦公式为:

$$E_p = \frac{1}{2}\gamma H^2 \cdot \frac{\cos^2(\varphi + \alpha)}{\cos^2\alpha\cos(\alpha - \delta) \cdot \left[1 + \sqrt{\frac{\sin(\delta + \varphi) \cdot \sin(\theta + \beta)}{\cos(\alpha - \delta) \cdot \cos(\alpha - \beta)}}\right]^2} \qquad (5\text{-}29)$$

或

$$E_p = \frac{1}{2}\gamma H^2 K_p \qquad (5\text{-}30a)$$

$$K_p = \frac{\cos^2(\varphi + \alpha)}{\cos^2\alpha\cos(\alpha - \delta) \cdot \left[1 + \sqrt{\frac{\sin(\delta + \varphi) \cdot \sin(\theta + \beta)}{\cos(\alpha - \delta) \cdot \cos(\alpha - \beta)}}\right]^2} \qquad (5\text{-}30b)$$

式中:K_p——库伦被动土压力系数;

　　δ——土对挡土墙背或桥台背的外摩擦角,查表5-1确定;

　　其余符号意义同前。

当墙背垂直($\alpha = 0$)、光滑($\delta = 0$)以及墙后填土水平($\beta = 0°$)时,式(5-29)可写为:

$$E_p = \frac{1}{2}\gamma H^2 \tan^2\left(45° + \frac{\varphi}{2}\right) \qquad (5\text{-}31)$$

可见,在上述条件下,库伦被动土压力公式也与朗肯公式相同。

被动土压力强度σ_p可按下式计算:

$$\sigma_{\mathrm{p}} = \frac{\mathrm{d}E_{\mathrm{p}}}{\mathrm{d}z} = \frac{\mathrm{d}}{\mathrm{d}z}\left(\frac{1}{2}\gamma z^2 K_{\mathrm{p}}\right) = \gamma z K_{\mathrm{p}} \tag{5-32}$$

被动土压力强度沿墙高也呈三角分布[图 5-17c)]。必须注意,土压力强度分布图只表示其大小,而不代表其作用方向。被动土压力的作用点在距离墙底 $\dfrac{H}{3}$ 处。

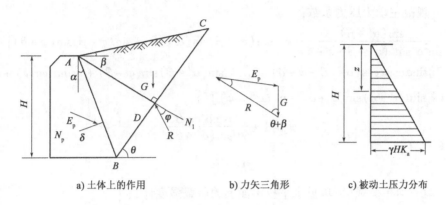

a) 土体上的作用   b) 力矢三角形   c) 被动土压力分布

图 5-17 按库伦理伦求被动土压力

5.5.3 黏性土和粉土的主动土压力

库仑土压力理论假设墙后填土是理想的散体,也就是填土只有内摩擦角 φ 而没有黏聚力 c,因此,从理论上说只适用于无黏性土。但在实际工程中常不得不采用黏性土,为了考虑黏性土和粉土的黏聚力 c 对土压力数值的影响,在应用库伦公式时,曾有人将内摩擦角 φ 增大,采用所谓"等代内摩擦角 φ_{D}"来综合考虑黏聚力对土压力的效应,但误差较大。在这种情况下,可用以下方法计算确定:

1)图解法(楔体试算法)

如果挡土墙的位移很大,足以使黏性土的抗剪强度全部发挥,则在填土顶面 z_0 深度处将出现张拉裂缝,引用朗肯土压力理论的临界深度 $z_0 = \dfrac{2c}{\gamma\sqrt{K_{\mathrm{a}}}}$($K_{\mathrm{a}}$ 为朗肯主动土压力系数)。

先假设一滑动面 $\overline{BD'}$,如图 5-18a)所示,作用于滑动土楔 $A'BD'$ 上的力有:

(1)土楔体自重 G;

(2)滑动面 $\overline{BD'}$ 的反力 R,与 $\overline{BD'}$ 面的法线成 φ 角;

(3)$\overline{BD'}$ 面上的总黏聚力 $C = c \cdot \overline{BD'}$,$c$ 为填土的黏聚力;

(4)墙背与接触面 $\overline{A'B}$ 的总黏聚力 $C_{\mathrm{a}} = c_{\mathrm{a}} \cdot \overline{A'B}$。

在上述各力中,G、C、C_{a} 的大小和方向均已知,R 和 E 的方向已知,但大小未知,考虑到力系平衡,由力矢多边形可以确定 E 的数值,如图 5-18b)所示,假定若干滑动面按以上方法试算,其中最大值即为主动土压力 E_{a}。

2)规范推荐公式

《建筑地基基础设计规范》(GB 50007—2011)推荐的公式采用与楔体试算法相似的平面滑裂假定,得到黏性土和粉土的主动土压力为:

$$E_{\mathrm{a}} = \frac{1}{2}\psi_{\mathrm{c}}\gamma H^2 K_{\mathrm{a}} \tag{5-33}$$

式中:E_a——主动土压力,kN/m;

  ψ_c——主动土压力增大系数,土坡高度小于5m时宜取1.0,高度5~8m时宜取1.1,高度大于8m时宜取1.2;

  γ——墙厚填土的重度,kN/m³;

  H——挡土墙高度,m;

  K_a——规范主动土压力系数;

$$K_a = \frac{\sin(\alpha'+\beta)}{\sin^2\alpha'\sin^2(\alpha'+\beta-\varphi-\delta)}\{k_q[\sin(\alpha'+\beta)\sin(\alpha'-\delta)+\sin(\varphi-\beta)\sin(\varphi+\delta)]+$$

$$2\eta\sin\alpha\cos\varphi\cos(\alpha'+\beta-\varphi-\delta)-2[(k_q\sin(\alpha'+\beta)\sin(\varphi-\beta)+\eta\sin\alpha'\cos\varphi)+$$

$$(k_q\sin(\alpha'-\delta)\sin(\varphi+\delta)+\eta\sin\alpha'\cos\varphi)]^{\frac{1}{2}}\}$$
(5-34)

$$k_q = 1 + \frac{2q\sin\alpha'\cos\beta}{\gamma H\sin(\alpha'+\beta)}$$
(5-35)

$$\eta = \frac{2c}{\gamma H}$$
(5-36)

式中:q——地表均布荷载(以单位水平投影面上的荷载强度计);

  φ、c——填土的内摩擦角和黏聚力;

  其余符号意义如图5-19所示。

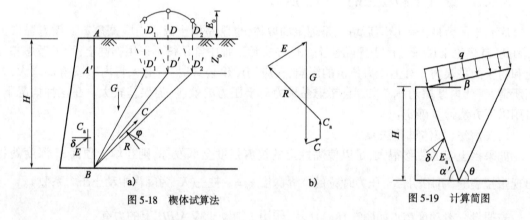

图5-18 楔体试算法   图5-19 计算简图

5.5.4 有车辆荷载时的土压力

在桥台或路堤挡土墙设计时,应考虑车辆荷载引起的土压力。《公路桥涵设计通用规范》(JTG D60—2015)中规定,按照库伦土压力理论,先将台背或墙背填土的破坏棱体(滑动土楔)范围内的车辆荷载,用均布荷载 q 或换算为等代土层代替。当填土面水平($\beta = 0°$)时,等代土层厚度 h 的计算公式如下(图5-20):

$$h = \frac{q}{\gamma} = \frac{\sum G}{BL_0\gamma}$$
(5-37)

式中:γ——墙厚填土的重度,kN/m³;

  $\sum G$——布置在 $B \times L_0$ 面积内的车轮的总重力,kN,计算挡土墙的土压力时,车辆荷载采用图5-21中的横向布置,车辆外侧边缘线距路面边缘0.5m,计算中涉及多车道加载时,车轮总重应进行折减,详见《公路桥涵设计通用规范》(JTG D60—2015);

    B——桥台横向全宽或挡土墙的计算长度，m；

    L_0——台背或墙背填土的破坏棱体长度，m，对于墙顶以上有填土的路堤式挡土墙，L_0为
        破坏棱体范围内的路基宽度部分。

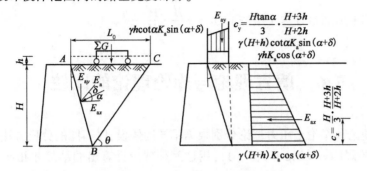

图5-20 有辆荷载时的土压力计算

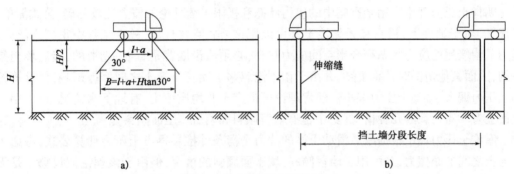

图5-21 挡土墙土压力计算示意

    桥台的计算宽度为桥台横向全宽。挡土墙的计算长度可按下列公式计算[图5-21b)]：

$$B = 13 + H\tan 30° \tag{5-38}$$

式中：H——挡土墙高度，m，对于墙顶以上有填土时为两倍墙顶填土厚度加墙高。

    当挡土墙分段长度小于13m时，B取分段长度，并在该长度内按不利情况布置轮重。在实际工程中，挡土墙的分段长度一般为10~15m。当挡土墙分段大于13m时，其计算长度取为扩散长度[图5-21a)]，如果扩散长度超过挡土墙分段长度，则取分段长度计算。

    台背或墙背填土的破坏棱体长度L_0，对于墙顶以上有填土的挡土墙，L_0为破坏棱体范围内的路基宽度部分；对于桥台或墙顶以上没有填土的挡土墙，L_0可用下式计算：

$$L_0 = H\tan\alpha\cot\theta \tag{5-39}$$

式中：H——挡土墙高度，m；

    α——台背或墙背倾斜角，仰倾时以负值代入，垂直时$\alpha = 0$；

    θ——滑动面倾斜角，确定时，忽略车辆荷载对滑动面位置的影响，按没有车辆荷载时的
        式(5-24)解得，是主动土压力E为极大值时最危险滑动面的破裂倾斜角，当填土
        面倾斜角$\beta = 0°$时，破坏棱体破裂面与水平面夹角的余切值可按下式计算：

$$\cot\theta = -\tan(\alpha + \delta + \varphi) + \sqrt{[\cot\varphi + \tan(\alpha + \delta + \varphi)][\tan(\alpha + \delta + \varphi) - \tan\alpha]} \tag{5-40}$$

式中：α、δ、φ——墙背倾斜角（取值同上）、墙背与填土间的外摩擦角和填土内摩擦角。

    以上求得等代土层厚度h后，有车辆时的主动土压力（当$\beta = 0°$）可按下式计算：

$$E_a = \frac{1}{2}\gamma H(H+2h)BK_a \tag{5-41}$$

式中各符号意义同式(5-26)～式(5-38)。

主动土压力的着力点自计算土层底面起，$z = \frac{H}{3} \cdot \frac{H+3h}{H+2h}$。

5.6 朗肯理论与库伦理论的比较

朗肯土压力理论和库伦土压力理论分别根据不同的假设，以不同的分析方法计算土压力，只有在最简单的情况下($\alpha = 0, \beta = 0, \delta = 0$)，用这两种理论计算出的结果才相同，否则将得出不同的结果。

朗肯土压力理论应用半空间中的应力状态和极限平衡理论的概念比较明确，公式简单，便于记忆，对于黏性上、粉土和无黏性土都可以用该公式直接计算，故在工程中得到广泛应用。但为了使墙后的应力状态符合半空间应力状态，必须假设墙背是直立、光滑的，墙后填土是水平的，因而其他情况时计算复杂，并由于该理论忽略了墙背与填土之间摩擦影响，使计算的主动土压力偏大，被动土压力偏小。朗肯理论可推广于非均质填土、有地下水情况，也可用于填土面上有均布荷载的几种情况(其中也有墙背倾斜和墙后填土面倾斜)。

库伦土压力理论根据墙后滑动土楔的静力平衡条件推导得出土压力计算公式，考虑了墙背与土之间的摩擦力，并可用于墙背倾斜，填土面倾斜的情况，但由于该理论假设填土是无黏性土，因此不能用库伦理论的原始公式直接计算黏性土或粉土的土压力。库伦理论假设墙后填土破坏时，破坏面是一平面，而实际却是一曲面，试验证明，在计算主动土压力时，只有当墙背的斜度不大，墙背与填土间的摩擦角较小时，破坏面才接近于一平面，因此，计算结果与按曲线滑动面计算的有出入。在通常情况下，这种偏差在计算主动土压力时为2%～10%，可认为已满足实际工程所要求的精度；但在计算被动土压力时，由于破坏面接近于对数螺旋线，因此计算结果误差较大，有时可达2～3倍，甚至更大。库伦理论可以用数解法，也可用图解法，填土面表面可以是任何形状，可以有任意分布的荷载，还可以推广用黏性土、粉土填料以及地下水的情况。用数解法时，也可以推广用于黏性土、黏土填料以及墙后有限填土(有较陡峭的稳定岩石坡面)。

5.7 岩体侧压力计算

5.7.1 侧向岩石压力

静止岩石压力标准值可按式(5-2)计算，静止岩石压力系数 K_0 可按式(5-42)计算：

$$K_0 = \frac{u}{1-u} \tag{5-42}$$

式中：u——岩石泊松比，宜采用实测数据或当地经验数据。

对沿外倾结构面滑动的边坡,其主动岩石压力合理标准值可按下式计算:

$$E_{ak} = \frac{1}{2}\gamma H^2 K_a \tag{5-43}$$

$$K_a = \frac{\sin(\alpha+\beta)}{\sin^2\alpha\sin(\alpha-\delta+\theta-\varphi_j)\sin(\theta-\beta)} \times \left[k_q\sin(\alpha+\theta)\sin(\theta-\varphi_j) - \eta\sin\alpha\cos\varphi_j\right] \tag{5-44}$$

$$\eta = \frac{2c_j}{\gamma H} \tag{5-45}$$

式中:θ——外倾结构面倾角,°;

c_j——外倾结构面黏聚力,kPa;

φ_j——外倾结构面内摩擦角,°;

k_q——系数,$k_q = 1 + \dfrac{2q\sin\alpha\cos\beta}{\gamma H\sin(\alpha+\beta)}$,$q$ 为地面均布荷载,kN/m²;

δ——岩石与挡土墙的摩擦角,°,取$(0.33 \sim 0.54)\varphi$;

φ——土的内摩擦角,°。

当有多组外倾结构面时,侧向岩压力应计算每组结构面的主动岩石压力,并取得其大值。

对沿缓倾的外倾软弱结构面滑动的边坡(图5-22),主动岩石压力合力标准值可按下式计算:

$$E_{ak} = G\tan(\theta-\varphi_j) - \frac{c_jL\cos\varphi_j}{\cos(\theta-\varphi_j)} \tag{5-46}$$

式中:G——四边形滑裂体自重,kN/m;

L——滑裂面长度,m;

θ——缓倾的外倾软弱结构面的倾角,°;

c_j——外倾软弱结构面黏聚力,kPa;

φ_j——外倾软弱结构面内摩擦角,°。

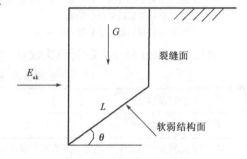

图5-22 岩质边坡四边形滑裂时侧向压力计算

侧向岩石压力和破裂角计算应符合下列规定:

(1)对无外倾结构面的岩质边坡,以岩体等效内摩擦角按侧向土压力计算侧向岩压力;破裂角按$45° + \dfrac{\varphi}{2}$确定,I类岩体边坡可取75°左右。

(2)当有外倾硬性结构面时,侧向岩压力应分别以外倾硬性结构面的参数,以岩体等效为摩擦角按侧向土压力计算方法,取两种结果的较大值;除I类岩体边坡外,破裂角取外倾结构面倾角和$45° + \dfrac{\varphi}{2}$两者中的较小值。

(3)当边坡沿外倾软弱结构面破坏时,侧向岩石压力按式(5-43)计算,破裂角取该外倾结构面的视倾角和$45° + \dfrac{\varphi}{2}$两者中的较小值,同时应按上述(1)、(2)进行验算。

当坡顶建筑物基础下的岩质边坡存在外倾软弱结构面时,边坡侧压力应按5.6.2节和《建筑边坡工程技术规范》(GB 50330—2013)第5.3.4条两种情况分别计算,并取其中的较大值。

5.7.2 侧向岩土压力的修正

对支护结构变形有控制要求或坡顶有重要建筑物时,可按表5-2确定支护结构上侧向岩土压力。

侧向岩土压力的修正 表 5-2

支护结构变形控制要求或破顶重要建筑物基础位置 a		侧向岩土压力修正方法
土质边坡	对支护结构变形控制严格；或 $a < 0.5H$	E_0
	对支护结构变形控制严格；或 $0.5H \leqslant a \leqslant 1.0H$	$E'_a = \dfrac{1}{2}(E_0 + E_a)$
	对支护结构变形控制严格；或 $a > 1.0H$	E_a
岩质边坡	对支护结构变形控制严格；或 $a < 0.5H$	$E'_0 = \beta_1 E_0$ 且 $E'_0 \geqslant (1.3 \sim 1.4) E_a$
	对支护结构变形控制不严格；或 $a \geqslant 0.5H$	E_a

注：1. E_a 为主动土压力，E_0 为静止土压力，E'_a 为修正主动土压力，E'_0 为岩质边坡修正静止岩石压力。

2. β_1 为岩质边坡静止岩石压力折减系数。

3. 当基础浅埋时，H 取边坡高度。

4. 若基础埋深较大，基础周围与岩石间没有软弱弹性材料隔离层或作了空位处理，能使基础垂直荷载传至边坡破裂面以下足够深度的稳定岩土层内，且基础水平荷载对边坡不造成较大影响，H 可从隔离下端算至坡底，否则，H 按坡高计算。

5. 基础埋深大于边坡高度且采取了上述处理措施，基础垂直荷载与水平荷载均不传至支护结构时，边坡支护结构侧压力可不考虑基础荷载的影响。

6. 表中 α 为坡脚到坡顶重要建筑物基础外边缘的水平距离。

岩质边坡静止侧压力的折减系数 β_1，可根据边坡岩体类别按表 5-3 确定。

岩质边坡静止侧压力折减系数 β_1 表 5-3

边坡岩质类型	I	II	III	IV
静止侧压力的折减系数 β_1	$0.30 \sim 0.45$	$0.40 \sim 0.55$	$0.50 \sim 0.65$	$0.65 \sim 0.85$

注：当裂隙发育时取表中大值，裂隙不发育时取小值。

本 章 小 结

工程实践中经常会使用各种支挡结构物，但是由于作用于支挡结构物后的土压力考虑不当，带来的工程事故屡见不鲜。本章介绍了土压力的分类和墙体位移与墙后土压分布的关系，较为翔实地介绍了现行规范常用的计算土压力的方法，即朗肯土压力理论和库伦土压力理论。通过本章的学习，学生应明确静止土压力、主动土压力和被动土压力的概念，理解墙体位移与墙后土压分布的关系；掌握静止土压理论基本原理、朗肯土压力理论基本原理和库伦土压力理论基本原理，并且能够熟练运用上述各种理论解决工程实践中土压力的计算问题。

思考题

5-1 静止土压力的墙背填土处于哪一种平衡状态？它与主动土压力、被动土压力状态有何不同？

5-2　挡土墙的位移及应变对土压力有何影响?

5-3　静止土压力计算原理是什么?

5-4　如图 5-23 所示,挡土墙墙背填土分为两层,填土面作用有连续均布荷载,试用朗肯理论求主动土压力。

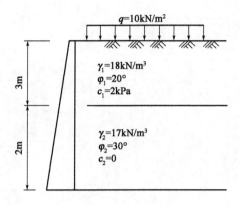

图 5-23　思考题 5-4 图

第6章

轨道荷载

6.1 概　　述

　　轨道承受列车的各种垂直压力、横向水平力、纵向水平力。

　　(1)垂直压力主要来自车轮的静重(静荷载)。在列车运行时,由于机车车辆的振动,轨道和车轮的不平顺,以及蒸汽机车动轮和主动轮构件的作用,除静荷载外,在垂直方向,轨道还承受许多额外的附加力。所有这些附加力连同静荷载一起,称为垂直动荷载。

　　(2)横向水平力主要由机车车辆摇摆及做蛇行运动以及它们通过曲线时向外推动而产生。

　　(3)纵向水平力主要包括机车加速、制动时的纵向水平分力,在长大坡道上机车车辆重量的纵向水平分力,以及因钢轨的温度变化而产生的温度力。

　　竖向力包括静轮重和附加动压力。轮重是机车车辆静止时,同一个轮对的左右两个车轮对称地作用于平直轨道上的轮载。列车行驶过程中,车轮实际作用于轨道上的竖直力称车轮动轮载。动轮载超出静轮载的部分称为动力附加值,产生的原因非常复杂,有属于机车车辆构造及状态导致的;有属于轨道构造及其状态;也有属于机车车辆在轨道上的运动形态导致的。主要包括蒸汽机车蒸汽压力和传动机构运动时的惯性力以及过量平衡锤的离心力等;由于车轮踏面不平顺或车轮安装偏心引起的;轨道不平顺,诸如轨面单独不平顺、轨缝错牙和折角等产生的发生化由不平顺产生的附加动压力随不平顺的长度、深度及行车速度、轴重等的不同而发生变化,严重时可达静轮载的 1 ~ 3 倍。

横向水平力包括直线轨道上因车辆蛇行运动,车轮轮缘接触钢轨面产生的往复周期性的横向力;轨道方向不平顺处,车轮冲击钢轨的横向力;曲线轨道上因转向架转向,车轮轮缘作用于钢轨侧面上的横向力,此项产生的横向力较其他各项大;还有未被平衡的离心力等。

纵向水平力包括列车的起动、制动时产生的纵向水平力;坡道上列车重力沿轨道方向的爬行力以及钢轨因温度变化不能自由伸缩而产生的纵向水平力等,温度对无缝线路的稳定性来说是至关重要的。

6.2　轨道结构竖向受力的静力计算

6.2.1　基本假设和计算模型

1)基本假设

(1)轨道和机车车辆均处于良好状态,符合铁路技术管理规程和有关的技术标准。

(2)钢轨视为支承在弹性基础上的等截面无限长梁;轨枕视为支承在连续弹性基础上的短梁。基础或支座的沉降值与它所受的压力成正比。

(3)轮载作用在钢轨的对称面上,而且两股钢轨上的荷载相等;基础刚度均匀且对称于轨道中心线。

(4)不考虑轨道本身的自重。

2)计算模型

把钢轨视为置于弹性基础上的无限长梁,基础梁模型按支承方式假设的不同,又可分为:

(1)点支承模型如图 6-1a)所示。由于钢轨是支承在轨枕上的,所以称之为弹性点支承。图 6-1a)中 a 为轨枕间距;D 为钢轨支座刚度。这种模型对钢轨的支承是间断不连续的,因此只能采用数值解法。最早的解法是把它当作有限跨连续梁来解,之后发展为用差分方程求解无限长梁。原铁道部科学研究院谢天辅为了在我国推广应用此法,特编制了完备的计算参数表,但随着计算机技术的发展,这些经典的数值解法已逐渐被结构矩阵分析方法所取代。

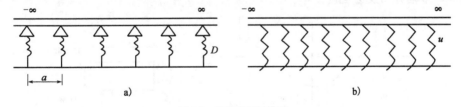

图 6-1　弹性基础梁模型

(2)连续支承模型如图 6-1b)所示。由于钢轨的抗弯刚度很大,而轨枕铺的相对较密,这样就可近似地把轨枕的支承看作是连续支承,从而进行解析性的分析。图中的 $u = D/a$,即把离散的支座刚度 D 折合成连续的分布支承刚度 u,称之为钢轨基础弹性模量。该模型最初是由德国文克尔(E. Winkler,1867)提出的,后由德国 A. Zimmermann、美国 A. N. Talbot 等改进和完善。该法所求得的解析解是严密的理论解,可将轨道的内力和变形分布写成函数的形式,应用起来既简单方便又直观,尤其适用于静力计算。这一经典理论至今仍具有重要的理论和应用价值。现在世界各国和我国铁道部标准《铁路轨道强度检算法》(TB 2034—88)采用这一模型,故本节仅对此模型和解法进行较详细的讲述。

6.2.2 连续基础梁微分方程及其解

1)文克尔假定

假设钢轨上作用有集中荷载 P,以 $y(x)$ 表示钢轨的挠度曲线,以向下为正,以 $g(x)$ 表示基础对钢轨的分布反力,以向上为正。为建立基础梁微分方程,文克尔提出了如下假设;

$$g(x) = uy(x) \tag{6-1}$$

即假设 x 坐标处的基础反力与 x 处的钢轨位移成正比。这相当于假设基础是由连续排列,但相互独立的线性弹簧所组成,即每个弹簧的变形仅决定于作用在其上的力,而与相邻弹簧的变形无关。由于实际的轨枕支承是有一定间距的,且碎石道床并不是连续介质,一根轨枕的少许下沉,对相邻轨枕影响较小,所以文克尔假设对于分析轨道问题来说还是比较适合的。但对于钢轨挠度无论是向上或向下,钢轨基础弹性模量 u 均采用相同的数值,则与实际有出入。尽管如此,大量试验证明,用这种模型计算的结果能够满足一般分析精度要求。

2)连续基础梁微分方程

在图 6-2 所示的坐标条件下,钢轨挠曲线上凹时曲率为负;并规定使梁在 y 的正向一侧受拉的弯矩为正。从而由材料力学可知:

$$M = -EI \frac{d^2 y}{dx^2} = -EIy''$$

$$Q = \frac{dM}{dx} - EIy'''$$

$$q = \frac{dQ}{dx} - EIy^{(4)}$$

式中:E——钢轨钢的弹性模量;

I——钢轨截面对水平中性轴的惯性矩;

M——钢轨弯矩;

Q——钢轨截面剪力;

q——基础分布反力集度。

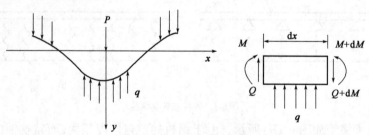

图 6-2　钢轨竖向受力及变形

结合文克尔假定可得:

$$uy = -EIy^{(4)}$$

亦即

$$y^{(4)} + \frac{u}{EI}y = 0$$

令

$$\frac{u}{EI} = 4k^{(4)}$$

可得

$$y^{(4)} + 4k^{(4)}y = 0 \qquad (6\text{-}2)$$

即为连续基础梁微分方程,它是一个四阶常系数线性齐次方程。式中 $k = \sqrt[4]{\dfrac{u}{4EI}}$ 称为钢轨基础与钢轨的刚比系数,亦称为轨道系统特性参数。k 值一般在 $0.009 \sim 0.020\,\mathrm{cm^{-1}}$ 之间。

3)微分方程的解

式(6-2)的通解为:

$$y = c_1 e^{kx}\cos kx + c_2 e^{kx}\sin kx + c_3 e^{kx}\cos kx + c_4 e^{kx}\sin kx \qquad (6\text{-}3)$$

式中,$c_1 \sim c_4$ 为积分常数,由边界条件确定。

由 $x \to \infty$, $y = 0$ 得:

$$c_1 + c_2 = 0$$

由 $x = 0$, $\dfrac{\mathrm{d}y}{\mathrm{d}x} = 0$ 得:

$$c_3 + c_4 = c$$

由 $x = 0$, $EIy'' = \dfrac{P}{2}$ 或 $2\displaystyle\int_0^\infty uy\mathrm{d}x = P$ 得:

$$c = \frac{P}{8EIk^3} = \frac{Pk}{2u}$$

从而得:

$$y = \frac{Pk}{2u}e^{-kx}(\cos kx + \sin kx) \qquad (6\text{-}4)$$

$$M = -EIy'' \frac{P}{4k}e^{-kx}(\cos kx - \sin kx) \qquad (6\text{-}5)$$

$$q = uy = \frac{Pk}{2}e^{-kx}(\cos kx + \sin kx) \qquad (6\text{-}6)$$

而作用在枕木上的钢轨压力(或称轨枕反力)R 则等于基础反力集度 q 与轨枕间距 a 的乘积,得:

$$R = qa = \frac{Pka}{2}e^{-kx}(\cos kx + \sin kx) \qquad (6\text{-}7)$$

令

$$\eta(kx) = e^{-kx}(\cos kx + \sin kx)$$
$$\mu(kx) = e^{-kx}(\cos kx - \sin kx)$$

则 η、μ 称为文克尔地基梁的解函数或分布函数,因他们同时又具有影响线性质,故又可称为影响线函数。

于是可得弹性位移曲线为:

$$y = \frac{Pk}{2u}\eta(kx) \qquad (6\text{-}8)$$

弯矩函数为：

$$M = \frac{P}{4k}\mu(kx) \tag{6-9}$$

轨枕反力函数为：

$$R = \frac{Pka}{2}\eta(kx) \tag{6-10}$$

由以上各式可知，在一定荷载 P 的作用下，y、M、R 的量值及分布主要取决于刚比系数 k。首先，当 $x=0$ 时，$\eta = \mu = 1$，所以在坐标原点处，各函数取最大值，即

$$y_{max} = \frac{Pk}{2u} \quad M_{max} = \frac{P}{4k} \quad R_{max} = \frac{Pka}{2} \tag{6-11}$$

由此可知，M_{max}、R_{max} 与刚比系数 k 成正比，而 y_{max} 则不仅与 k 成正比，同时还与 μ 成反比。其次 μ、η 都是 kx 的无量纲函数；都是由 $\exp(-kx)$，$\sin kx$、$\cos kx$ 等基本初等函数复合而成的变幅周期函数，随着 kx 的增大，即离开轮载作用点越远的钢轨截面上的，y、M、R 的均值有不同程度的减小，而当 $kx \geqslant 5$ 时，轮载的影响已非常小，通常可以不计。

6.2.3　轨道的基本力学参数

1）钢轨抗弯刚度 EI

梁的弯矩方程为 $M = -EIy''$，即梁的曲率 y'' 与所受的弯矩成正比。因此，钢轨抗弯刚度 EI 的力学意义应为：使钢轨产生单位曲率所需的力矩。对于 60kg/m 钢轨，$EI = 6.76 \times 10^{10} \text{N} \cdot \text{cm}^2$，如欲将钢轨弯成 1cm^{-1} 的单位曲率所需的弯矩是 $6.76 \times 10^{10} \text{N} \cdot \text{cm}$。

2）钢轨支座刚度 D

采用弹性点支承梁模型时，钢轨支座刚度表示支座的弹性特征，定义为钢轨制作顶面产生单位下沉时所需施加于支座顶面的力，其量纲为力/长度。可以把支座看成一个串联弹簧，如图 6-3 所示。图中 D_p 为胶垫刚度；D_s 为轨枕刚度；D_b 为道床及路基刚度。

设在力 R 作用下，支座下沉为 y_D，则有：

$$y_D = y_p + y_s + y_b$$

根据刚度定义有：

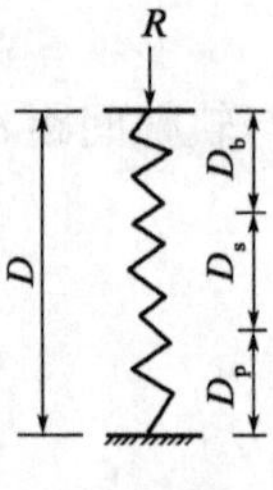

$$y_p = \frac{R}{D_p} \quad y_s = \frac{R}{D} \quad y_b = \frac{R}{D_b}$$

故有：

$$y_D = \left(\frac{1}{D_p} + \frac{1}{D_s} + \frac{1}{D_b}\right)R$$

所以有：

$$D = \frac{1}{D_p + D_s + D_b} = \frac{1}{\sum 1/D_i} \tag{6-12}$$

图 6-3　钢轨支座刚度计算示意

木枕的弹性很好，不需要胶垫。钢筋混凝土轨枕是不可压缩的，可近似认为 $D_s = \infty$，因此，在混凝土轨枕上加胶垫的作用是很重要的。

3）道床系数 C

道床系数是表征道床及路基的弹性特征，定义为使道床顶面产生单位下沉时所需施加于

道床顶面的单位面积上的压力,量纲为力/长度³。

钢轨支座刚度 D 和道床系数 C 的关系可根据图 6-4 来推求。图中 l 为轨枕底面有效支撑长度;b 为轨枕底面平均长度,y_b 钢轨下截面的轨枕下沉量;y_{bc} 为轨枕的平均下沉量。令 $\alpha y_b = y_{bc}$,此处 α 是轨枕挠曲系数,对于混凝土枕 $\alpha = 1$,对于木枕 $\alpha = 0.81 \sim 0.92$。

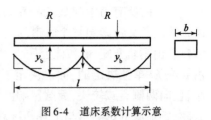

图 6-4 道床系数计算示意

由

$$\frac{2R}{lb} = cy_b$$

得:

$$R = \frac{Clb\alpha}{2} y_b$$

即

$$D_b = \frac{Clb\alpha}{2}$$

最后得:

$$D = \frac{1}{1/D_p + 2/Clb\alpha} \tag{6-13}$$

C、D 两个参数根据轨道类型、路基、道床情况及环境因素随即变化,离散型很大,在进行强度计算时,应尽可能采用实测值。木枕轨道的 C、D 值以及混凝土木枕轨道的 D 值分别参见表 6-1 及表 6-2。

木枕轨道 C、D 值 表 6-1

参数	轨 道 类 型			参数	轨 道 类 型		
	特重、重型	次重型	中型、轻型		特重、重型	次重型	中型、轻型
D(kN/cm)	150～190	120～150	84～120	C(MPa/cm)	0.6～0.8	0.4～0.6	0.4

混凝土枕轨道 D 值(kN/cm) 表 6-2

轨 道 特 征	轨道类型及验算部件			
	特重型、重型		次重型及以下	
	钢轨	轨枕、道床及基床	钢轨	轨枕、道床及基床
混凝土枕、橡胶垫板	300	700	220	420
宽枕、橡胶垫板	500	1200		

注:对于检验钢轨或验算轨枕、道床及路基分别采用不同的最不利的 D 值。

4)钢轨基础弹性模量 u

采用连续基础梁模型时,钢轨基础弹性模量表示钢轨基础的弹性特征,定义为使单位长度的钢轨基础产生单位下沉所需施加在其上的分布力,量纲为力/长度²。

$$u = \frac{D}{a} \tag{6-14}$$

即假定反力 D 均匀地分布在两枕跨间。采用钢轨基础弹性模量就可将支座的离散支承等效成连续支承,从而可用解析方法求解。

5)刚比系数 k

$$k = \sqrt[4]{\frac{u}{4EI}} = \sqrt[4]{\frac{D}{4EIa}} = \sqrt[4]{\frac{1}{4EIa} \times \frac{1}{\sum 1/D_i}} \tag{6-15}$$

轨道的所有力学参数及相互间的关系均反映在 k 中。任何轨道参数的改变都会影响 k，而 k 的改变又将影响整个轨道的内力分布和部件的受力分配，因此 k 又可称为轨道系统特性参数。由钢轨弯矩 M 和枕上压力 R 的表达[式(6-9)、式(6-10)]可以看出 M 和 R 的分布不是由 u 或 EI 单独决定的，而是决定于比值 u/EI；当 k 值较大，基础相对较硬时，则 R 较大、M 较小，且向两侧衰减较快，荷载影响的范围较小；相反，如果钢轨的弯曲刚度 EI 较大，而基础相对较软，则荷载的影响将与上述情况相反。

6)轨道刚度 K_t

整个轨道结构的刚度 K_t 定义为使钢轨产生单位下沉所需的竖直荷载。由式(6-11)可知，在荷载作用点，钢轨的位移 $y=\dfrac{k}{2u}P$，使 $y=1\text{cm}$ 的荷载即为 K_t，从而有：

$$K_t=\frac{2u}{k}=2\sqrt[4]{4EIu^3} \tag{6-16}$$

由式(6-16)可知，如按相同比例增大 u 及 EI，则刚比系数 k 不变，钢轨弯矩及枕上压力大小不变，但轨道刚度加大，位移减小，过大的轨道刚度将会增大由于轨道不平顺而引起的动荷载，加速轨道几何状态的恶化和轨道部件的失效。因此，铁路轨道既需要有足够的刚度，同时更需要有很好的弹性，尤其对高速铁路更是如此。

6.2.4 轮群作用下的 y、M、R 的计算

由于微分方程式(6-2)是线性的，其解式(6-8)~式(6-10)的 y、M、R 必然均与荷载 P 成正比，故力的叠加原理成立。当有多个轮载同时作用在轨道上时，考虑轮群作用的办法是：如要计算某一截面处的钢轨弯矩 M，则将弯矩分布函数 μ 的坐标原点 O 置于该截面处，称该截面为计算截面，如图6-5所示。然后分别计算各轮载对该计算截面的弯矩影响值，再将这些影响值叠加起来，即为各机车轮载在该截面所共同引起的弯矩。对钢轨挠度及枕上压力的计算办法也如此，具体计算公式如下：

$$y=\frac{k}{2\mu}\sum p\eta(x) \quad M=\frac{1}{4k}\sum p\mu(x) \quad R=\frac{ka}{2}\sum p\eta(x) \tag{6-17}$$

式中的 $\sum p\eta(x)$ 和 $\sum p\mu(x)$ 对于计算 y、M、R 来说，相当于作用于坐标原点的一个集中荷载，所以可称之为当量荷载。

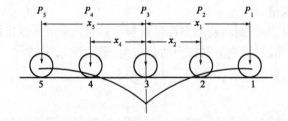

图6-5 轮群作用下计算示意

由于相邻车轮的影响有正有负，因此，对于有多个车轮的机车，应分别把不同的轮位放在计算截面上，考虑左右邻轮对它的影响，从中找出产生最大 $\sum p\mu$ 或 $\sum p\eta$ 的轮位，我们称该轮位为最不利轮位，并把它作为计算依据。

6.3 轨道动力响应的准静态计算

所谓结构动力分析的准静态计算,名义上是动力计算,而实质上则是静力计算。当由外荷载本身引起的惯性力相对较小(与外力、反力相比),基本上可以忽略不计,而不予考虑时,则可基本上按静力分析的方法来进行,这就是准静态计算,而相应的外荷载称为准静态荷载。

钢轨作为轨道结构主要部件,它的自振频率很高,高达1000Hz。当轨道状态良好时,由机车车辆簧下部分质量的振动产生作用于轨道上的动荷载,其频率一般只有几十赫兹,不能引起钢轨的振动,而且碎石道床具有很高的阻尼消振作用。因此,在列车最后一双轮对过后根本测不到钢轨的振动。实测说明即使列车速度高达200km/h,进动波形状与步行速度下的形状仍是一样的。这些都充分说明机车车辆作用于轨道的动荷载一般不能激发起钢轨的振动;高速条件下钢轨位移弹性曲线与按静载计算所得的弹性曲线基本是相同。这正是轨道强度的动力计算可以按准静态进行计算的理论和试验依据。由于机车车辆的振动作用,作用在钢轨上的动荷载要大于静荷载,引起动力增值的主要因素是行车速度、钢轨偏载和列车通过曲线的横向力,分别用速度系数、偏载系数和横向水平力系数加以考虑,统称为荷载系数。

6.3.1 速度系数

列车在直线区间轨道上运行时,由于轮轨之间的动力效应,致作用在钢轨上的动轮载 P_d 要比静轮载大。其增量随行车速度的增加而增大。一般用速度系数 α 表示动载增量与静轮载之比,可以写作:

$$\alpha = \frac{P_d - P_0}{P_0}$$

则
$$P_d = (1 + \alpha)P_0$$

速度系数 α 与轨道状态、机车类型有关,可以通过大量试验确定。各国所采用的速度系数公式不尽相同,一般都是经验公式,大多与行车速度成线性或非线性关系。我国采用的计算公式如表6-3所示,仅适用于行车速度 $V \leqslant 120$km/h 的情况。

速 度 系 数   表6-3

列 车 种 类	速 度 系 数	
	计算轨底弯曲应力用	计算钢轨下沉及轨下基础各部件荷载及应力用
内燃	$\dfrac{0.4V}{100}$	$\dfrac{0.3V}{100}$
电力	$\dfrac{0.6V}{100}$	$\dfrac{0.45V}{100}$
蒸汽	$\dfrac{0.8V}{100}$	$\dfrac{0.6V}{100}$

6.3.2 偏载系数

列车通过曲线时,由于存在未被平衡的超高(欠超高或余超高),产生偏载,使外轨道或和内轨轮载增加,其增量与静轮载的比值称为偏载系数,用 β 表示。

$$\beta = \frac{P_1 - P_0}{P_0} \qquad (6\text{-}18)$$

式中:P_1——外轨上的轮载;

P_0——静轮载。

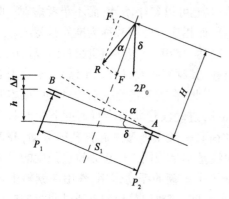

图 6-6 以欠超高为例计算 β 示意

如图 6-6 所示,以欠超高为例推求 β 的计算公式。

把合力 R 分解为垂直于轨面线的合力 F 和平行于轨面线的分力 F_1,则由静力平衡条件 $\sum M = 0$ 可得:

$$P_1 S_1 = F\frac{S_1}{2} + F_1 H$$

$$P_1 = F\frac{1}{2} + F_1\frac{H}{S_1} \qquad (6\text{-}19)$$

式中:H——车体离心高度,货车一般取 $2.1 \sim 2.3\text{m}$;

S_1——左右钢轨中心线间距距离,取 1500mm。

因图中的 α 角度及 δ 角均很小,可取 $\cos\alpha = 1$,$\cos\delta = 1$,$\sin\alpha = \dfrac{\Delta h}{S_1}$,$\sin\delta = \dfrac{h}{S_1}$,由此得 $F = 2P_0$,$F_1 = 2P_0\dfrac{\Delta h}{S_1}$。

代入式(6-19)得:

$$P_1 = P_0 + \frac{2P_0 H \Delta h}{S_1^2}$$

将上式代入式(6-18)得:

$$\beta = \frac{2H\Delta h}{S_1^2} \qquad (6\text{-}20)$$

可见 β 与稳定系数 $n = \dfrac{S_1^2}{2H\Delta h}$ 互为倒数。

若取我国机车最大重心高度 $H = 2300\text{mm}$,$S_1^2 = 1500\text{mm}$ 代入式(6-20),则偏载系数可简化为:

$$\beta = \frac{2 \times 2300\Delta h}{1500 \times 1500} = 0.002\Delta h$$

6.3.3 横向水平系数

横向水平系数是考虑横向水平力和偏心竖向力联合作用,是钢轨承受横向水平弯曲及扭转,由此而引起轨头及轨底的边缘弯曲应力增大而引入的系数,它等于钢轨低部外缘弯曲应力与中心应力的比值,可写作:

$$f = \frac{\sigma_1}{\dfrac{\sigma_1 + \sigma_2}{2}} \qquad (6\text{-}21)$$

式中：σ_1、σ_2——轨底外缘和内缘的弯曲应力；f 可以根据对不同机车类型及线路平面条件下 σ_1、σ_2 的大量实测资料，通过统计分析加以确定，如表 6-4 所示。仅在计算钢轨应力的动弯矩 M_d 中考虑 f 值。

横向水平系数 f　　　　　　　　　　　　　　　　表 6-4

路线平面	直线	弯曲半径(m)				
		≥800	600	500	400	300
横向水平力系数	1.25	1.45	1.60	1.70	1.80	2.00

6.3.4 准静态计算公式

用准静态法计算钢轨动挠度 y_d、钢轨动弯矩 M_d 和枕上动压力 R_d 的计算公式如下：

$$y_d = y_j(1 + \alpha + \beta)$$
$$M_d = M_j(1 + \alpha + \beta)f$$
$$R_d = R_j(1 + \alpha + \beta) \tag{6-22}$$

式中：y_j、M_j、R_j——分别为钢轨的静挠度、静弯矩和静压力。

6.4 轨道结构横向受力分析

6.4.1 摩擦中心法

古典曲线通过理论——摩擦中心法，是指由德国学者 Heumann 和英国学者 Porter 分别于 1913 年和 1934 年完成的，以最小力法为原理的图解法及以平衡方程为基础的分析法。该理论直至 20 世纪 60 年代一直作为唯一的方法，用于机车车辆曲线通过的分析。在现今，对小半径曲线钢轨导向力的计算仍然适用。

1）基本假设与计算模型

(1)假设转向架为刚性转向架，即前后轮轴对于转向架纵轴不能做相对转动。

(2)假设车轮踏面为圆柱形，即不考虑其锥度。

(3)假设各车轮的轮重均相等，与轨顶面的摩擦系数亦均相同。

(4)不考虑牵引力的作用，假设各力均作用于轨顶面的平面内。

转向架在曲线轨道上行驶，从运动学角度看，这是一种有几何约束的平面运动。它可以看成是两种运动的合成：一种是转向架沿切向的平动，另一种是绕转动中心的转动。

转动中心 C 位于曲线半径与转向架纵轴或其延长线的垂直交点上。

转向架的前轴外轮称为导向轮，钢轨给导向轮一导向力 N，迫使转向架转向。N 作用于导向轮轮轨侧向接触点 A 处。转向架纵轴与 A 点切线的交角 a 称为冲角。把转向架作为刚体看待，它的平面运动应有三个自由度，对它的平衡问题求解应有三个静力平衡条件。由于在假设中不考虑纵向力，剩下的两个自由度可用前后轴的外轮距外轨的距离表示。由于假设前轴外轮是贴靠外轨的，或者是转向架是靠导向力使之转向的，剩下的后轴外轮距外轨的距离这样一个自由度可以用转动中心 C 距前轴的距离 X_1 表示，亦即转向架相对于曲线轨道的位置可由

一个广义坐标 X_1 来决定。但此时却多了一个导向力(或说约束)为未知量,所以计算模型是一个自由度两个未知量的力学问题,需用两个独立的平衡方程。

2)问题的求解

图6-7 所示为一个转向架在曲线上作稳态行驶时的受力情况。图中所示各力均为作用于转向架上的力,其中导向力 N 着力点与前轴的距离称作超前值,因数值很小,在计算上忽略不计。钢轨顶面对各轮踏面的滑动阻力均为 μP。将摩擦阻力 μP_i 分解为沿转向架纵轴方向的分力 T_i 和与其垂直方向的分力 H_i。

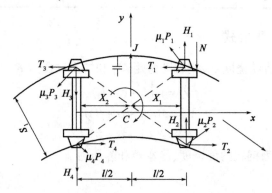

图6-7 转向架在曲线上作稳态行驶时的受力

因车轴移动,使车轴中点与轨道中点不重合所形成的偏差很小,可以忽略不计。所以有:

$$\left.\begin{array}{ll} T_1 = T_2 = \dfrac{\mu P \dfrac{S_1}{2}}{\sqrt{x_1^2 + \left(\dfrac{S_1}{2}\right)^2}} & H_1 = H_2 = \dfrac{\mu P x_1}{\sqrt{x_1^2 + \left(\dfrac{S_1}{2}\right)^2}} \\[4em] T_3 = T_4 = \dfrac{\mu P \dfrac{S_1}{2}}{\sqrt{(l-x_1)^2 + \left(\dfrac{S_1}{2}\right)^2}} & H_3 = H_4 = \dfrac{\mu P (l-x_1)^2}{\sqrt{(l-x_1)^2 + \left(\dfrac{S_1}{2}\right)^2}} \end{array}\right\} \quad (6\text{-}23)$$

式中:x_1——转动中心至前轴的距离;

　　S_1——内外钢轨顶面中点间距离;

　　i——车轮编号,$i = 1 \sim 4$。

由 $\sum M_A = 0$ 得:

$$J \cdot \frac{l}{2} - (H_3 + H_4) \cdot l - (T_2 + T_4) \cdot S_1 = 0 \quad (6\text{-}24)$$

由 $\sum y = 0$ 得:

$$N - 2H_1 + 2H_3 - J = 0 \quad (6\text{-}25)$$

式中:J——车辆分配到一个转向架上的离心力(N),其值为 mv^2/R。

式(6-24)是只含一个未知量 x_1 的超越方程,需用试算法求解。求得 x_1 后,代入(6-25)即可求得导向力 N。

对导向轮来说,作用在轨道顶面的 H_1 与作用在钢轨侧面的导向力 N,在竖直方向只相隔几毫米,实测不能直接测得 H_1 或 N,只能测得它们的差值 $F_1 = N - H_1$,称 F_1 为导向轮作用于外轨的横向水平力。其他车轮对钢轨作用的横向水平力等于接触面上摩擦力的横向分力,符号与图示方向相反。

6.4.2 蠕滑中心法

摩擦中心法的最大优点是模型简单、计算方便、便于推广应用。由于历史条件的限制,摩擦中心法存在着明显的不足之处,最主要的是假定车轮踏面为圆柱面,因而无法考虑轮对通过曲线时内外轮滚动圆的半径差,其结果不仅不能反映轮对的自导向作用,甚至不能明显地反映不同半径的影响,即在一定的未被平衡超高的条件下,该法对不同半径的曲线求出的力是相同的。其次是假设各轮路面与钢轨接触处的切向作用力都是摩擦力,即相当于认为各车轮都是打滑的,这种情况只在小半径曲线上才会发生。另外,未考虑轮对的偏载效应,对计算结果也有一定影响。

蠕滑中心法运用当代机车车辆动力学的研究成果,对摩擦中心法作了重要改进,即采用了锥形踏面,计入了轮对的偏载效应,引用了蠕滑理论,并考虑了蠕滑系数的非线性。

1) 蠕滑率和蠕滑力分析

转向架通过曲线时,其轮对不可能总是实现纯滚动,亦即车轮的前进速度不等于其滚动形成的前进速度,车轮相对于钢轨会产生很微小的滑动,即所谓蠕滑。在轮轨之间接触面上存在着切向力,这个切向力与轮轨的弹性变形有关,这就是所谓的蠕滑力。蠕滑力的方向总是与滑动的方向相反,其大小是由蠕滑率决定的。无因次的蠕滑率表示车轮实际滚动状态相对纯滚动状态的偏离程度,实则为相对滑动率。Carter 早在 20 世纪 20 年代首先认识蠕滑的作用并将其应用于轮轨动力学中,他定义纵向蠕滑率 γ_1 和横向蠕滑率 γ_2 为:

$$\gamma_1 = \frac{\text{实际前进速度} - \text{纯滚动的前进速度}}{\text{由滚动形成的前进速度}}$$

$$\gamma_2 = \frac{\text{实际横向速度} - \text{纯滚动的横向速度}}{\text{由滚动形成的前进速度}}$$

以上两式中的速度差 ΔV 称为蠕滑速度,当曲线几何参数一定时,可由轮对在曲线上占有的几何位置来决定。

蠕滑力 F 和蠕滑率 γ 之间的关系只有在较小的蠕滑率范围内,才是线性的,在线性范围内即小蠕滑的情况下,该直线的斜率叫作蠕滑系数,如图6-8所示。

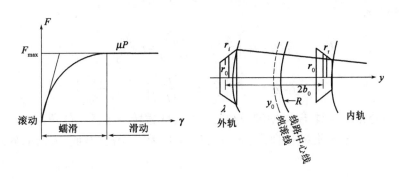

图6-8 蠕滑系数

蠕滑力 $F = -f\gamma$，负号表示蠕滑力的方向和滑动的方向总是相反的。

在车轮产生最大蠕滑以至打滑的情况下，蠕滑力趋向饱和，最大的蠕滑力即库伦摩擦力。若车轮在曲线上实现纯滚动，就没有蠕滑，但实际上这种纯滚动状态是不存在的。假设一个具有踏面斜率 λ 的自由轮对在曲线上作纯滚动，轮对中心所走的轨迹叫作纯滚线，纯滚线与曲线中心线为同心圆，且纯滚线总是在曲线中心线外侧，相距为 y_0。

可以证明 $y_0 = -\dfrac{r_0 b_0}{\lambda R}$，如图 6-9 所示。

式中，负号表示 y_0 在曲线中心线外侧；r_0 为车轮半径；$2b_0$ 为轮对的左右两轮与钢轨接触点之间的距离；λ 为锥形踏面的斜率，是一个常数；R 为曲线半径。

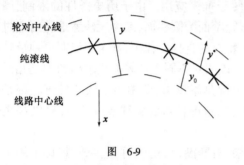

图 6-9

对于一定的轮对踏面斜率 λ 和一定半径的曲线，纯滚线的位置是确定的。如转向架的轮对中心不在纯滚线上，轮轨之间必有滑动，从而产生纵向蠕滑力。蠕滑力的大小及方向皆由相对位移 $y^* = y - y_0$ 决定。y 是轮对中心相对线路中心线向外移动的距离，规定向外为负，向内为正，如图 6-9 所示。也就是说当轮对中心移向纯滚线之外时，y^* 为负，此时外轮滚动半径大于纯滚动所需的半径，滚动一周所走距离相对于纯滚动时的位置是超前的。相反，内轮的滚动半径则小于纯滚动时的半径，滚动一周所走的距离相对于纯滚动时的位置是滞后的。由于车轮踏面的锥形效应，此时外轮必将向后滑动，内轮必将向前滑动，因此，外轮所受的纵向蠕滑力与滑动方向相反，是向前的，内轮的纵向蠕滑力是向后的。同理，当轮对中心相较小 y^* 为正时，就会出现与上述相反的情况。不论怎样，外轮是相反的，在小蠕滑情况下大小近似相等，形成一个蠕滑力偶。对于大半径曲线 y_0 量值很小，这就有可能形成一个顺时针方向的力矩，有利于转向架转向，完全实现蠕滑导向。对小半径曲线来说，纵向蠕滑力产生逆时针转向，因此导向力随曲线半径的增大而减小是必然的。根据定义，蠕滑速度 $\Delta V =$ 实际的速度 $-$ 纯滚动的速度，在纵向有 $V_{1r} = \left(1 - \dfrac{r_\gamma}{r_0}\right)V - \dfrac{b_0 V}{R}$，$V_{1l} = \left(1 - \dfrac{r_l}{r_0}\right)V + \dfrac{b_0 V}{R}$，下标 r、l 分别表示右轮和左轮。相应的蠕滑率为：

$$\gamma_r = -\left(\frac{\lambda y}{r_0} + \frac{b_0}{R}\right) \qquad \gamma_l = \frac{\lambda y}{r_0} + \frac{b_0}{R} \tag{6-26}$$

纵向蠕滑力为：

$$\left.\begin{aligned} F_r &= -f_{11}\gamma_r = f_{11}\left[\frac{\lambda}{r_0}\left(y + \frac{r_0 b_0}{\lambda R}\right)\right] = f_{11}\frac{\lambda y^*}{r_0} \\ F_l &= -f_{11}\gamma_l = -f_{11}\left[\frac{\lambda}{r_0}\left(y + \frac{r_0 b_0}{\lambda R}\right)\right] = -f_{11}\frac{\lambda y^*}{r_0} \end{aligned}\right\} \tag{6-27}$$

轮对中心在外移的同时，轮对中轴线相对于径向线偏转一个微小的角度 ψ_0。可将前进的速度 V 分解为一个垂直于轮对中轴线方向的分速度 V_1 和一个沿中轴线方向的分速度 V_2。

应有：

$$V_1 = V\cos\psi \approx V \qquad V_2 = V\sin\psi \approx V\psi$$

则横向蠕滑率为：

$$\gamma_{2r} = \gamma_{2l} = \frac{\Delta V}{V} = \frac{-V\psi}{V} = -\psi \qquad (6\text{-}28)$$

横向蠕滑力为：

$$F_{2r} = F_{2l} = -f_{22}r_2 = f_{22}\psi \qquad (6\text{-}29)$$

ψ 角规定顺时针转为正，逆时针转为负。

由于本方法应用于从小半径到大半径的所有曲线，故必须考虑蠕滑力的非线性特性，采用推理法非线性模型进行近似计算。

2）计算模型

蠕滑中心法仍采用刚性转向架和一个自由度的力学模型，转向架相对曲线轨道的位置可由一个广义坐标来决定，也就是说一旦确定转动中心的位置，整个轮轨间的相对位置也就随之而定。

假设车轮踏面为锥形，在轮轨接触面上作用着纵向和横向的蠕滑力。蠕滑力由蠕滑率决定，而蠕滑率在一定的轴载和轮轨踏面形状的条件下，可由轮对运动学条件和偏载值决定。蠕滑力和蠕滑率的关系采用非线性模型，同时考虑因未被平衡超高造成内外轮轮载的不相等对蠕滑力的影响。其他力学条件与摩擦中心法相同。

3）计算方法

以图6-10中曲线为例，规定坐标系的正向。

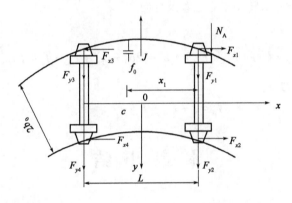

图 6-10

（1）计算蠕滑系数及蠕滑力

由 Kallker 公式确定蠕滑系数

$$\left.\begin{array}{l} f_{11}（纵向）= E(a \cdot b) \cdot C_{11} \\ f_{22}（横向）= E(a \cdot b) \cdot C_{22} \end{array}\right\} \qquad (6\text{-}30)$$

式中：a、b——接触椭圆的长、短半轴；

　　　E——材料的抗拉弹性模量；

　　　C_{ij}——无量纲的 Kallker 系数、（i 为坐标方向，j 为滑动方向，1 为纵向，2 为横向），C_{ij} 与泊松比及 a、b 有关，可从 C_{ij} 的数值计算表中查得。

蠕滑力由下列公式确定：

$$\left.\begin{array}{l} F_{xr} = -F_{xl} = \left(1 - \frac{2}{9}q^2\right)\dfrac{f_{11}\lambda y^*}{r_0} \\ F_{y\gamma} = \left(1 - \frac{2}{3}q\right)f_{11}\psi \quad F_{yl} = \left(1 + \frac{2}{3}q\right)f_{22}\psi \end{array}\right\} \qquad (6\text{-}31)$$

式中:x、y——纵向和横向;

q——由未被平衡的超高引起的轮重变化率。

前轴横移量 y_1 为定值,即等于轮轨间之半,而后横移量 y_2 可由几何关系求得,$y_2 = y_1 - f_0 = y_1 - \dfrac{x_1^2(l-x_1)^2}{2R}$,是 x_1 函数。前轴偏转角亦即冲角,$\psi_1 = -\dfrac{x_1}{R}$,总为负值,后轴偏转角 $\psi_2 = \dfrac{L-x_1}{R}$,由转动中心位置 x_1 而定。由以上可知,当 x_1 确定后,作用在各轮上的蠕滑力均可唯一地确定。

蠕滑力和蠕滑率非线性关系的近似计算,可采用 Johnson 的逼近公式,先确定缩减因子 ε,然后确定缩减后的纵横向蠕滑力。

$$F'_{xi} = \varepsilon F_{xi} \quad F'_{yi} = \varepsilon F_{yi}$$

(2)计算未被平衡离心力

$$J = \frac{2W\Delta h}{S_1}$$

式中:W——轮重;

Δh——未被平衡超高。

(3)用静力平衡条件求转动中心位置及导向力

由 $\sum M_A = 0$ 求 x_1:

$$-2F_{x2} \cdot b_0 - (F_{y3} + F_{y4}) \cdot L - (2b_0 - f_0) + F_{x3} \cdot f_0 + J \cdot \frac{L}{2} = 0 \tag{6-32}$$

由 $\sum y = 0$ 求导向力 N_A:

$$N_A = J - F_{y1} - F_{y2} - F_{y3} - F_{y4} \tag{6-33}$$

本 章 小 结

通过本章学习,要清楚地了解轨道承受列车的各种垂直压力、横向水平力、纵向水平力的概念以及计算方法,并运用到工程实际当中。

思考题

6-1　什么是垂直压力?

6-2　什么是横向水平力?

6-3　什么是纵向水平力?

6-4　轨道结构竖向受理的静力计算模型由哪两种?两者有何区别?

6-5　什么是文克尔假定?

6-6　什么是蠕滑中心法?

第7章

其他作用

7.1 温 度 作 用

7.1.1 温度作用的基本概念

温度作用是指结构或构件内部的温度变化。当结构物所处环境的温度发生变化,且结构或构件的热变形受到边界条件约束或相邻部分的制约,不能自由胀缩时,就会在结构或构件内形成一定的应力,这个应力被称为温度应力。温度作用不仅取决于结构物环境的温度变化,它还与结构或构件受到的约束条件、刚度大小等因素有关。

同传统的力荷载形式不同的是,雪荷载、自重荷载等都是以力的形式直接作用在结构上,而温度作用是通过变形在结构内部引起内力。这种作用同直接荷载一样,对于结构的使用有着重要的影响。

在土木工程领域中会遇到大量温度作用的问题,因而对它的研究具有十分重要的意义。例如,工业建筑的生产车间,由于外界温度的变化,直接影响到屋面板混凝土内部的强度分布,产生不同的温度应力和温度变化;各类结构物温度伸缩缝的设置方法以及大小和间距等的优化设计,也必须建立在对温度应力和变形的准确计算上;还有诸如板壳的热应力和热应变,相应的翘曲和稳定问题;地基低温变形引起基础的破裂问题;构件热残余应力的计算;温度变化下断裂问题的分析计算；热应力下构件的合理设计问题；浇筑大体积混凝土，例如高层建筑筏板基础的浇捣，水化热升温和散热阶段的降温引起贯穿裂缝；对混合结构的房屋，因屋面温度应力引起开裂渗漏；浅埋结构受土的温度梯度影响等。

以混凝土梁板结构为例，说明温度对结构的影响。梁板结构的板常出现贯穿裂缝，这种裂缝往往是由降温及收缩引起的。当结构周围的气温及温度变化时，梁板都要产生温度变形及收缩变形。由于板的厚度远远小于梁，所以全截面紧随气温变化而变化，水分蒸发也较快，当环境温度降低时，收缩变形较大。但是梁较厚（一般大于板厚 10 倍），故其温度变化滞后于板，特别是在急冷变化时更为明显。由此产生的两种结构（梁与板）的变形差，引起约束力。由于板的收缩变形大于梁的收缩变形，梁将约束板的变形，则板内呈拉应力，梁内呈压应力。在拉应力作用下，混凝土板产生拉裂。

7.1.2　影响温度应力的因素

影响结构温度应力大小的因素有很多，总结起来主要有以下几个方面。

（1）外界温度变化或温差的大小及分布。温度变化或存在温差引起材料的热胀冷缩，在约束条件下结构中产生温度应力作用，进而形成温度裂缝，因此温度的变化和温差是产生温度应力的根本原因。当温差越大时，温度应力就越大。建筑物的温度变化与其方位、表面朝向、结构外表面的颜色有关，还同外界环境不同季节的气候特征有密切关系。通过采取各种措施，如增加保温、隔热层，加强施工养护工作等，缩小温差，提高建筑物的热工性能，尽量减小或避免在结构内部形成沿厚度方向的不均匀温度状态，减小外界温度对主要受力构件的影响，以防温度应力的产生。

（2）结构的类型。结构的类型不同，约束形式不同，温度应力的形式和大小就有所不同。在结构设计过程中，可以采取一定的构造措施，提高结构的整体刚度及抗裂性，抵消或减弱温度应力的作用，以达到减小变形、裂缝的目的。

（3）结构物或构件的尺寸。例如排架越长，沿长度方向由温度引起的变形就越大，受到约束产生的应力也就越大。因此在实际工程设计中，当结构长度过大时，一般应该隔一定的距离便设置温度缝，将结构分开，以减小内力。

（4）结构材料的性质。例如温度应力随着温度膨胀系数、材料刚度的增大而增大。设计过程中，这些参数是难以改变的，一般只能通过选取不同的材料来改变。

7.1.3　温度应力和变形的计算

结构物受温度变化的影响应根据不同结构类型和约束条件进行分类而分别计算。一类是静定结构在温度变化时能够自由变形，结构物无约束应力产生，故无内力。但由于任何材料都具有热胀冷缩的性质，因此静定结构在满足其约束的条件下可自由地产生变形，这时应考虑结构的这种变形是否超过允许范围。此变形可由变形体系的虚功原理计算。

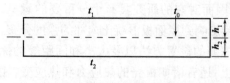

图 7-1　杆件受温度变化影响示意

对于简单的一维杆件，设杆件上边缘温度上升为 t_1，下边缘温度上升为 t_2，温度沿杆截面厚度为线性分布，材料的线膨胀系数为 α，如图 7-1 所示。

此时，杆件的轴线温度 t_0 与上、下边缘的温度差 Δt 分别为：

$$t_0 = \frac{h_1 t_2 + h_2 t_1}{h} \tag{7-1}$$

$$\Delta t = t_2 - t_1 \tag{7-2}$$

式中:h——杆件的截面厚度;

h_1、h_2——分别是由杆件轴线至上、下边缘的距离。

在温度变化时,杆件不引起剪应变,引起的轴向伸长应变 ε 和曲率 k 分别为:

$$\varepsilon = \alpha t_0 \tag{7-3}$$

$$k = \frac{\mathrm{d}\theta}{\mathrm{d}s} = \frac{\alpha(t_2 - t_1)\mathrm{d}s}{h\mathrm{d}s} = \frac{\alpha\Delta t}{h} \tag{7-4}$$

将上式代入 $\Delta = \sum \int (\overline{M}k + \overline{N}\varepsilon + \overline{Q}\lambda_0)\mathrm{d}s$,并令 $\lambda_0 = 0$ 可得:

$$\Delta = \sum \int \overline{N}\alpha t_0 \mathrm{d}s + \sum \int \overline{M}\frac{\alpha\Delta t}{h}\mathrm{d}s \tag{7-5}$$

如果 t_0、Δt 和 h 沿每一杆件的全长为常数,则得:

$$\Delta = \sum \alpha t_0 \int \overline{N}\mathrm{d}s + \sum \frac{\alpha\Delta t}{h}\int \overline{M}\mathrm{d}s \tag{7-6}$$

常用材料的线膨胀系数 α 见表 7-1。

常用材料的线膨胀系数 α　　　　　　　　　　　表 7-1

材　　料	线膨胀系数 $\alpha(\times 10^{-6}℃^{-1})$	材　　料	线膨胀系数 $\alpha(\times 10^{-6}℃^{-1})$
轻骨料混凝土	7	钢、钢铁、铸铁	12
普通混凝土	10	不锈钢	16
砌体	6~10	铝、铝合金	24

对于超静定结构存在多余约束或物体内部单元体相互制约的构件,温度改变引起的变形将受到限制,从而在结构内产生内力。这一温度作用效应的计算,可根据变形协调条件,按结构力学或弹性力学方法确定。

7.2　爆　炸　作　用

7.2.1　爆炸的基本概念

爆炸是自然界中常常发生的物理或化学的一种极为迅速的能量释放过程。在此过程中,系统的内在势能转换为机械功及光和热辐射等。爆炸做功的根本原因在于系统原有的高压气体或爆炸瞬间形成的高温、高压气体骤然膨胀。

爆炸的一个最重要的特征是在爆炸点周围介质中发生急剧的压力突跃,这种压力突跃值极大,往往造成周围介质破坏。

7.2.2　爆炸的分类

爆炸可以由各种不同的物理或化学变化产生,就产生的爆炸过程现象而言,大致可分为以下几类:

（1）物理爆炸。所谓的物理爆炸是因某些介质中的温度或压力突然升高而引起的。例如，蒸汽锅炉或高压气瓶的爆炸就属于此类，这是由于过热的水转变为水蒸气造成高压冲破容器阻力而发生，或者是气瓶中压力过高超过气瓶本身的强度发生破裂所引起。再如地壳的运动（地震）也是一种强烈的物理爆炸现象，这是由于内部弹性压缩能的释放所引起，其最大地震能量可高达 $10^{23} \sim 10^{26}$ 尔格，比 100 万 t 的 TNT 炸药爆炸能量还要大。强火花放电（闪电现象）或高压电流通过细金属丝时所产生的爆炸现象也属于此类爆炸，这类爆炸发生时，在它的放电区产生巨大的能量密度和数万度的高温，它们可导致放电区的空气温度和压力急剧上升，并在周围介质中形成很强的冲击波。金属丝爆炸时，其温度高达 2 万℃左右，这时的金属丝被迅速气化而引起爆炸。物体间的高速碰撞（如陨石落地、高速火箭撞击目标等）也属于物理爆炸现象。

（2）化学爆炸。化学爆炸是由于物质在一定的条件下产生化学反应，在反应的过程中，由于急剧释放能量而引起爆炸。例如，炸药的爆炸反应，其反应产生物的速度可高达每秒数千米，反应时所产生的温度可高达 3000 ~ 5000℃，同时还产生大量的高度压缩的爆炸气体，局部压力可达十几万个大气压。因此，炸药的爆炸可在周围的介质中产生强烈的冲击波或压力波，并且爆炸所产生的高温、高压气体迅速向外膨胀并对外做功。悬浮在空气中的煤粉的爆炸，甲烷、乙炔以一定比例与空气混合所产生的爆炸都属于化学爆炸。

（3）核爆炸。核爆炸是由于原子核的裂变（如 ^{235}U 的裂变）或核聚变（如氘、锂核的聚变）反应所释放出的核能。核爆炸时，在爆炸中心区可产生数百万到数千万度的高温和数百万个大气压的高压。与炸药爆炸相比，核爆炸产生的温度要高出数千倍，压力要高出一个量级，在核爆炸的同时还伴随着发出很强的光和热辐射。

总之，各种类型的爆炸尽管各自的物理机制不同，所产生的力学效果也不同，但它们都是在极短时间内迅速释放能量的过程。由于物理爆炸和核爆炸所释放的能量非常巨大，难以用数学语言定量描述。

7.2.3 爆炸的力学性质

（1）压力时间曲线。核爆炸、化学爆炸压力时间曲线如图 7-2 所示。核爆炸升压时间很快，在几毫秒甚至不到 1 毫秒压力波即可达到峰值，峰值压力 p_1 很高，正压段后还有一段时间的负压段。化学爆炸升压时间相对较慢，峰值压力亦较核爆炸低，正压所用时间较短，约从几毫秒到几十毫秒，负压段更短。

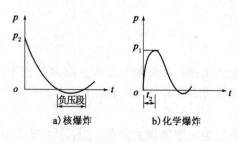

图 7-2　爆炸压力时间曲线

（2）冲击波和压力波（冲击波超压与动压）。爆炸发生在空气介质中，会在瞬间压缩周围空气而产生超压，超压是至爆炸压力超过正常大气压，核爆炸和化学爆炸都会产生不同幅度的超压。核爆炸、化学爆炸由于是在极短时间内压力达到峰值，周围气体迅速被挤压和推进而产生很高的运动速度，形成波的高速推进，这种气体压缩而产生的波动成为冲击波。超压向发生超压空间内各表面施加挤压力，作用效应相当于静压。冲击波所到之处，除产生超压外，还带动波阵面后空气质点高速运动引起动压，动压与物体形状和受力面方位有关，类似于风压。

7.2.4 爆炸的荷载计算

爆炸对结构产生破坏作用,其破坏程度与爆炸的性质和爆炸物质的数量有关。爆炸物质数量越大,积聚和释放的能量越多,破坏作用也越剧烈。爆炸发生的环境或位置不同,其破坏作用也不同,在封闭的房间、密闭的管道内发生爆炸的破坏作用比在结构外部发生的爆炸要严重得多。当冲击波作用在建筑物上时,会引起压力、密度、温度和质点迅速变化,而其变化是结构物几何形状、大小和所处方位的函数。

(1)当爆炸发生在一密闭结构中时,在直接遭受冲击波的维护结构上受到骤然增大的反射超压,并产生高压区,这时的反射超压峰值为:

$$K_f = \frac{\Delta P_f}{\Delta P} = 2 + \frac{6\Delta P}{\Delta P + 7} \tag{7-7}$$

式中:ΔP_f——最大的反射超压,kPa;

ΔP——入射波波阵面上的最大超压,kPa;

K_f——反射系数,取值为 2 ~ 8。

如果燃气爆炸发生在生产车间、居民厨房等室内环境下,一旦发生爆炸,常常是窗玻璃被压碎,屋盖被气浪掀起,导致室内压力下降,反而起到了泄压保护的作用。

Dragosavic 在体积为 $20m^3$ 的试验房屋内测得了包含泄爆影响的压力时间曲线,经过整理绘出了室内理想化的理论燃气爆炸的升压曲线模型,如图7-3 所示。图中 A 点是泄爆点,压力从 O 开始上升到 A 点出现泄爆(窗玻璃压碎),泄瀑后压力稍有上升随即下降,下降过程中有时出现短暂的负超压,经过一段时间,由于波阵面后的湍流及波的反射出现高频振荡。图中 P_v 为泄爆压力,P_1 为第一次压力峰值,P_2 为第二次压力峰值,P_w 为高频振荡峰值。该试验是在空旷房屋中进行的,如果室内有家具或其他器物等障碍物,则振荡会大大减弱。

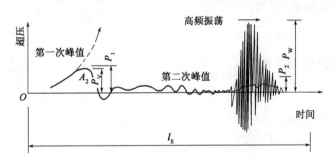

图 7-3 Dragosavic 理论燃气爆炸升压曲线模型

对易爆建筑物在设计时需要有一个压力峰值的估算,作为确定窗户面积、屋盖轻重等的依据,使得易爆场所一旦发生燃爆能及时泄爆减压。Dragosavic 给出了最大爆炸压力计算公式:

$$\Delta P = 3 + 0.5 P_v + 0.04\varphi^2 \tag{7-8}$$

式中:ΔP——最大爆炸压力,kPa;

φ——泄压系数,房间体积与泄压面积之比;

P_v——泄压时的压力,kPa。

公式(7-8)不适用于大体积空间中爆炸压力估算和泄压计算。

(2)爆炸冲击波绕过结构物对结构产生动压作用。由于结构物形状不同,维护结构面相对气流流动方向的位置也不同。可用试验确定的表面阻力系数 C_d（对矩形结构物取 1.0）表示，这样动压作用引起的维护结构面压力等于 $C_d \cdot q(t)$，因此维护结构迎波面压力从 ΔP_f 衰减到 $\Delta P(t) + C_d \cdot q(t)$，其单位面积平均压力 $\Delta P_1(t)$（kPa）为：

$$\Delta P_1(t) = \Delta P(t) + C_d \cdot q(t) \tag{7-9}$$

式中：$q(t)$——冲击波产生的动压，kPa。

注意维护结构的顶盖、迎波面及背波面上的每一点，压力自始至终为冲击波超压与动压作用之和。不同之处在于由于涡流等原因，产生作用力的方向不同，压力 C_d 取正，吸力 C_d 取负，且作用时间不同。

在冲击波超压和动压共同作用下，结构物受到巨大的挤压作用，加之前后压力差的作用，使得整个结构物受到超大水平推力，导致结构物平移和倾斜。而对于烟囱、桅杆、塔楼及桁架等细长形结构物，由于它们的横向线性尺寸很小，则所受合力就只有动压作用，因此结构物容易遭到抛掷和弯折。

（3）地面爆炸冲击波对地下结构物的作用与对上部结构的作用有很大不同。主要影响因素有：①地面上空气冲击波压力参数引起岩土压缩波向下传播并衰减；②压缩波在自由场中传播时参数变化；③压缩波作用于结构物的反射压力取决于波与结构物的相互作用。根据《人民防空地下室设计规范》（GB 50038—2005），综合考虑各种因素，采用简化的综合反射系数法的半经验实用计算方法。采用地面空气冲击波超压计算结构物各自的动载峰值，根据结构的自振频率以及动载的升压时间查阅有关图表得到荷载系数，最后再换算成作用在结构物上的等效静载。

压缩波峰值压力 P_h 为：

$$P_h = \Delta P_d e^{-\alpha h} \tag{7-10}$$

结构顶盖动荷载峰值 P_1 为：

$$P_1 = K_f' P_h \tag{7-11}$$

结构侧维护动荷载峰值 P_2 为：

$$P_2 = \xi P_h \tag{7-12}$$

底板动荷载峰值 P_3 为：

$$P_3 = \eta P_h \tag{7-13}$$

式中：ΔP_d——地面空气冲击波超压，kPa；

    h——地下结构物距地表的深度，m；

    α——衰减系数，对非饱和土，主要由颗粒骨架承受外加荷载，因此传播时衰减相对大，而对饱和土，主要靠水分来传递外加荷载，因此传播时衰减很小，一般为 0.03 ~ 0.1（适合于核爆炸，对一般燃气爆炸或化学爆炸衰减的速率要大得多）；

    P_h——顶盖深度处自由场压缩波峰值压力，kPa；

    K_f'——综合反射系数，与结构埋深、外包尺寸及形状等复杂因素有关，一般对饱和土中结构取 1.8；

ξ——压缩波作用下的侧压系数,按表7-2取值;

η——底压系数,对饱和土中结构取$0.8 \sim 1.0$,对非饱和土中结构取$0.5 \sim 0.75$。

压缩波作用下的侧压系数 ξ 表 7-2

岩土介质类别		侧压系数 ξ
碎石土		$0.15 \sim 0.25$
砂土	地下水位以上	$0.25 \sim 0.35$
	地下水位以上	$0.70 \sim 0.90$
粉土		$0.33 \sim 0.43$
黏土	坚硬、硬塑	$0.20 \sim 0.40$
	可塑	$0.40 \sim 0.70$
	软、流塑	$0.70 \sim 1.00$

7.3 浮力作用

当结构物或基础的底面置于地下水位以下时,如何计算底面受到的浮力至今仍是一个值得研究的问题。一般来讲,地下水或地表水能否通过土的孔隙、连通渗透到结构物或基础底面是产生水的浮力的必要条件,为此,浮力的计算主要取决于土的物理特性。

当地下水能够通过土的孔隙渗透到结构物或基础的底面,且土的固体颗粒与结构基底之间的接触面很小,可以把它们作为点接触时,才认为土中结构物或基础处于完全浮力状态(如对粉土或砂性土等)。若固体土颗粒与结构物或基础底面之间的接触面较大,而且各个固体颗粒之间主要是胶结连接在一起(如相对密实的黏性土),地下水不能充分渗透到土和结构物或基础底面之间,则土中结构物或基础不会处于完全的浮力作用状态。

浮力作用可根据地基土的透水程度,按照结构物丧失的重量等于它所排开的水重这一浮力原则计算。

从安全角度出发,结构物或基础受到的浮力可按如下考虑。

(1)如果结构物置于透水性好的饱和地基上,可认为结构物处于完全浮力状态。

(2)如果结构物置于不透水地基上,且结构物或基础底面与地基接触良好,可不考虑水的浮力。

(3)如果结构物置于透水性较差的地基上,可按50%计算浮力。

(4)如果不能确定地基是否透水,应从透水和不透水两种情况与其他荷载组合,取其最不利者;对于黏性土地基,浮力与土的物理特性有关,应结合实际情况确定。

(5)对有桩基的结构物,作用在桩基承台底部的浮力,应考虑全部面积,但桩嵌入不透水持力层者,计算承台底部浮力时应扣除桩的截面积。

注意两点:①在确定地基承载力设计值时,无论是结构物或基础底面以下的天然重度还是底面以上土的加权平均重度,地下水位以下一律取有效重度;②设计时应考虑到地下水位并不是一成不变的而是随季节会产生涨落。

7.4 车行动态作用

7.4.1 汽车荷载制动力

汽车制动时,为克服其惯性运动,将在车轮和路面接触面之间产生水平滑动摩擦力,称为汽车荷载制动力,其值为摩擦系数乘以车辆的总重力。制动力为路面的一种作用力,作用方向与汽车的前进方向相同,路面的粗糙状况、轮胎的粗糙状况及充气气压力的大小、制动装置的灵敏性、行车速度等都将影响汽车荷载制动力的大小。

摩擦系数按功能原理试验确定。制动过程为:

$$\frac{v_1^2 W - v_2^2 W}{2g} = f W_1 S \tag{7-14}$$

式中:f——车轮在路面上滑动摩擦因数;

S——制动距离,m;

W——被制动物体的总重力,kN;

W_1——具有制动装置的车轮总重力,kN;

g——重力加速度,m/s^2,取 9.81m/s^2;

v_1、v_2——制动前、后的车速,m/s。

当汽车所有车轮均配有制动装置时,$W = W_1$,汽车制动后完全停止,则 $v_2 = 0$,此时 $v_1^2/2g = fS$。测得路面摩擦系数:水混凝土路面为 0.74,沥青混凝土路面为 0.62,平整的泥结碎石路面为 0.60(根据气候条件和路面潮湿情况不同而变化)。汽车制动时,由于车速减小,往往达不到上述数值。一般汽车制动力取 0.2W(W 为汽车总重力)。

《公路桥涵设计通用规范》(JTG D60—2015)规定,一个设计车道上由汽车荷载产生的制动力标准值按车道荷载标准值在加载长度上计算的总重力的 10% 计算,但公路—Ⅰ级汽车荷载的制动力标准值不得小于 165kN;公路—Ⅱ级汽车荷载的制动力标准值不得小于 90kN。同向行驶双车道的汽车荷载制动力标准值为一个设计车道制动力标准值的 2 倍;同向行驶三车道的汽车荷载制动力标准值为一个设计车道的 2.34 倍;同向行驶四车道的汽车荷载制动力标准值为一个设计车道的 2.68 倍。车队行驶时,需保持一定车距,其停车、启动都受到限制,且一行汽车不可能全部同时制动,因此,车队行驶时每辆车的制动力比单车行驶时小。

制动力的作用方向就是行车方向,其着力点在设计车道桥面上方 1.2m 处。墩台计算时,可移到支座铰中心或支座底座面上;刚构桥、拱桥计算时,制动力的着力点可移至桥面上,但不计由此产生的竖向力和力矩。

对于设有板式橡胶支座的简支梁刚性墩台,按单跨两端的板式橡胶支座的抗推刚度分配制动力。对于设有板式橡胶支座的简支梁、连续桥面简支梁或连续梁排架式柔性墩台,应根据支座与墩台的抗推刚度的刚度集中情况分配和传递制动力。

设有固定支座,活动支座(滚动或摆动支座、聚四氟乙烯板支座)的刚性墩台传递的制动力,按表 7-3 中规定采用。每个活动支座传递的制动力,其值不大于其摩擦力,当大于摩擦力时,按摩擦力计算。

刚性墩台各种支座传递的制动力 表 7-3

桥梁墩台及支座类型		应计的制动力	符号说明
简支梁桥台	固定支座	T_1	
	聚四氟乙烯板支座	$0.30T_1$	
	滚动或摆动支座	$0.25T_1$	
简支梁桥墩	两个固定支座	T_2	T_1——加载长度为计算跨径时的制动力;
	一个固定支座,一个活动支座	注	T_2——加载长度为相邻两个跨计算跨径时
	两个聚四氟乙烯板支座	$0.30T_2$	的制动力;
	两个滚动或摆动支座	$0.25T_2$	T_3——加载长度为一联长度的制动力
连续梁桥墩	固定支座	T_3	
	聚四氟乙烯板支座	$0.30T_3$	
	滚动或摆动支座	$0.25T_3$	

注:固定支座按 T_4 计算,活动支座按 $0.30T_5$(聚四氟乙烯板支座)计算或 $0.25T_5$(滚动或摆动支座)计算,T_4 和 T_5 分别为固定支座和活动支座相应的单跨跨径的制动力,桥墩承受的制动力为上述固定支座与活动支座传递的制动力之和。

7.4.2 汽车横向撞击力

我国公路上 10t 以下的中、小型汽车约占总数的 80% ,10t 以上的大型汽车约占 20% 。因此,《城市人行天桥与人行地道技术规范》(CJJ 69—1995)建议汽车横向撞击力取 15t,建议撞击速取国产平均最高车速的 80% 。

《建筑结构荷载规范》(GB 50009—2012)规定,对于建筑物,汽车的撞击力可考虑顺行方向和垂直方向。目前,高速公路、一级公路、二级公路的最高设计车速分别为 120km/h、100km/h、80km/h,综合考虑取车速为 80km/h(22.2 m/s)。在没有试验资料时,撞击时间按《公路桥涵设计通用规范》(JTG D60—2015)的建议,取为 1s。小型车和大型车的撞击力荷载作用点位置可分别取于路面以上 0.5m 和 1.5m 处。

(1)顺行方向的汽车撞击力标准值 P_k(kN),可按下式计算:

$$P_k = \frac{mv}{t} \tag{7-15}$$

式中:m——汽车质量,包括车自重和载重,t;

v——车速,m/s,;

t——撞击时间,s。

(2)垂直与行车方向的撞击力标准值可取顺行方向撞击力标准值的 50% ,二者不同时作用。

《公路桥涵设计通用规范》(JTG D60—2015)规定,汽车撞击力在车辆行驶方向取 1000kN,在车辆行驶垂直方向取 500kN,两者不同时作用。撞击力作用点位于车道以上 1.2m 处,直接分布于撞击设计的构件上。对于设有防撞设施的结构或构件,可视防撞设施的防撞能力,对汽车撞击作用标准值予以折减,但折减后的汽车撞击作用标准值不应低于上述规定值的 1/6。

7.4.3 汽车竖向冲击力

当车辆以较高速度驶过桥梁时,桥面或轨面的不平整、车轮不圆以及发动机的抖动或机车的偏心轮作用等原因,会引起桥梁结构的振动,通常称这种动力效应为冲击作用。钢桥、钢筋混凝土及预应力混凝土桥、圬工拱桥等的上部构造和钢支座、板式橡胶支座、盆式橡胶支座及钢筋混凝土柱式墩台,应计算汽车荷载的冲击作用。

汽车的冲击系数是汽车过桥时对桥梁结构产生的竖向动力效应的增大系数。一般采用静力学的方法计算,即车辆荷载的冲击力可用车辆荷载乘以冲击系数 μ 得到。冲击系数一般根据在已建成的实桥上所做的振动试验结果确定。设计时可按不同种类和桥跨度大小选用相应的冲击系数。

对于公路桥梁,汽车荷载冲击系数可按下式计算:

$$\left.\begin{array}{ll} \mu = 0.05 & (f < 1.5\text{Hz}) \\ \mu = 0.01767\ln f - 0.01577 & (1.5\text{Hz} \leqslant f \leqslant 14\text{Hz}) \\ \mu = 0.45 & (f > 14\text{Hz}) \end{array}\right\} \tag{7-16}$$

式中:f——结构基频,Hz。

汽车荷载的局部加载及 T 形梁、箱形梁悬臂版上的冲击系数采用1.3。

对于铁路简支或连续的钢桥跨结构和钢墩台,列车荷载的冲击系数按下式计算:

$$\mu = \frac{28}{40 + L} \tag{7-17}$$

对于铁路钢筋混凝土板的组合梁,列车荷载的冲击系数按下式计算:

$$\mu = \frac{22}{40 + L} \tag{7-18}$$

对于铁路钢筋混凝土、混凝土、石砌的桥跨结构及桥涵、刚架桥,当其顶上填土厚度 $h \geqslant 1\text{m}$(从轨底算起)时,不计冲击作用;当 $h < 1\text{m}$ 时,列车荷载的冲击系数按下式计算:

$$\mu = \frac{6\alpha}{30 + L} \tag{7-19}$$
$$\alpha = 4(1 - h) \leqslant 2$$

式中:L——桥跨长度或(局部)构件的影响加载线长度,m。

对于铁路空腹式钢筋混凝土拱桥的拱圈和拱肋,列车荷载的冲击系数按下式计算:

$$\mu = \frac{15}{100 + \lambda}\left(1 + \frac{0.4L}{f}\right) \tag{7-20}$$

式中:L——拱桥的跨度,m;

λ——计算跨度,m;

f——拱的矢高,m。

鉴于结构物上的填料能起到缓冲和扩散冲击荷载的作用,对于拱桥、涵洞以及重力式墩台,当填料厚度(包括路面厚度)不小于 0.5m 时,《公路桥涵设计通用规范》(JTG D60—2015)规定可以不计冲击作用。

7.4.4 离心力

物体沿曲线运动或做圆周运动时产生的离开中心的力,称为离心力。《公路桥涵设计通用规范》(JTG D60—2015)规定,当弯道桥的曲率半径小于或等于250m 时,应计算汽车荷载引起的离心力。离心力的大小与平曲线半径成反比,离心力标准值为车辆荷载(不计冲击力)标准值乘以离心力系数 C。离心力系数 C 可按下式计算:

$$C = \frac{v^2}{127R} \tag{7-21}$$

式中:v——设计速度,应按桥梁所在路线的设计速度采用;

R——平曲线半径,m。

离心力的着力点作用在汽车的中心上,一般离桥面1.2m,但为计算方便,也可以移到桥面上,不计由此引起的力矩。

离心力对墩台的影响,可将离心力均匀分布在桥跨上由两墩平均分担。

当计算曲线长度大于或等于150m时,应考虑荷载的纵、横向折减。超高对离心力的影响可不考虑。

本 章 小 结

(1)温度作用是指结构或构件内部的温度变化。当结构物所处环境温度发生变化时,结构或构件会发生温度变形,即热胀冷缩;当结构或构件的热胀冷缩受到边界条件约束或相邻部分的制约,不能自由胀缩时,则会产生温度应力。温度变化对结构内力和变形的影响,应根据不同的结构形式分别加以考虑,温度作用效应的计算,一般可根据变形协调条件,按结构力学或弹性力学方法进行。

(2)爆炸一般是指在极短时间内,释放出大量能量,产生高温,并放出大量气体,在周围介质中造成高压的化学反应或状态变化。按照爆炸发生的机理和作用性质,可分为物理爆炸、化学爆炸及核爆炸等多种类型。

(3)浮力作用是指地下水对基础或结构物的底面自下向上的静水压力,根据地基的透水程度,浮力作用可按照结构物丧失的重量等于它所排除水的重量这一原则进行考虑。

(4)汽车制动力是汽车制动时为克服其惯性运动而在车轮和路面接触面之间产生的水平滑动摩擦力。制动力的方向汽车的前进方向相同。影响制动力大小的因素有路面的粗糙状况、轮胎纹路及充气压力大小、制动装置灵敏性、行车速度等。

(5)建筑结构应考虑的车辆撞击主要包括地下车库及通道的车辆撞击、路边建筑物车辆撞击等。

(6)当车辆以正常或较高的速度在桥面行驶时,由于桥面或轨道的不平整、车轮不圆、发动机抖动等原因,会引起桥梁结构的振动,这种动力效应通常称为冲击作用。

(7)离心力是一种伴随着车辆在弯道行驶时所产生的惯性力,其以水平力的形式做用于桥梁结构,是弯桥横向受力与抗扭设计所考虑的主要因素。

思考题

7-1 试对比分析静定结构和超静定结构在相同温度变化时的作用效应。

7-2 爆炸的破坏作用有哪些?如何确定爆炸作用等效均布静力荷载?

7-3 计算浮力的原则有哪些?

7-4 结合实际,说明影响制动力的因素有哪些?

7-5 汽车冲击力是怎样产生的?

7-6 汽车离心力的着力点在哪里?

荷载的统计与组合

8.1　荷载的概率模型

施加在结构上的荷载,不仅具有随机性,一般还与时间有关,在数学上可采用随机过程概率模型来描述。在一个确定的设计基准期 T 内,对荷载随机过程作一次连续观测(如对某地的风压连续观测 50 年),所获得依赖于观测时间的数据称为随机过程的一个样本函数。每个随机过程都是由大量的样本函数构成。

荷载随机过程的样本函数十分复杂,它随荷载的种类不同而异。目前对各类荷载过程的样本函数及其性质了解甚少。在结构设计中,主要讨论的是结构设计基准期 T 内的荷载最大值 Q_T。不同的 T 时间内,统计得到的 Q_T 值很可能不同,即 Q_T 为随机变量。为便于对 Q_T 统计分析,通常将楼面活荷载、风荷载、雪荷载等处理成平稳二项随机过程模型 $\{Q(t), t \in [0, T]\}$;而对于车辆荷载,则常用滤过泊松过程模型。

8.1.1　平稳二项随机过程

1)基本假定及统计分析方法

平稳二项随机过程也称等时段方波过程,荷载的样本函数模型可化为等时段的矩形波函数(图 8-1),其基本假定为:

（1）荷载一次持续施加于结构上的时段长度为 τ，而在设计基准期 T 内可分为 r 个相等的时段，即 $r = T/\tau$。

（2）在每一时段上荷载出现的概率为 p，不出现的概率为 $q = 1 - p$。

（3）在每一时段 τ 上，当荷载出现时，其幅值是非负随机变量，且在不同时段上其概率分布函数 $F_i(X) = P[Q(t) \leqslant x, t \in \tau]$ 相同，这种概率分布称为任意时点荷载概率分布。

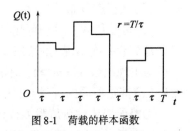

图 8-1　荷载的样本函数

（4）不同时段 τ 上的幅值随机变量是相互独立的，且与在时段 τ 上荷载是否出现相互独立。

由上述假定，可根据荷载变动一次的平均持续时间 τ 或在 T 内的变动次数 r、在每个时段内荷载出现的概率 p 以及任意时点荷载的概率分布 $F_Q(x)$ 三个统计要素，先确定任一时段内的荷载概率分布函数 $F_{Q_\tau}(x)$，进而导出荷载在设计基准期 T 内最大值 Q_T 的概率分布函数 $F_{Q_T}(x)$。

$$
\begin{aligned}
F_{Q_\tau}(x) &= P[Q(t) \leqslant x, t \in \tau] \\
&= P[Q(t) > 0] \cdot P[Q(t) \leqslant x, t \in \tau \mid Q(t) > 0] + \\
&\quad P[Q(t) = 0] \cdot P[Q(t) \leqslant x, t \in \tau \mid Q(t) = 0] \\
&= p \cdot F_Q(x) + q \cdot 1 = p \cdot F_Q(x) + (1 - p) \\
&= 1 - p[1 - F_Q(x)] \quad (x \geqslant 0)
\end{aligned}
\tag{8-1}
$$

$$
\begin{aligned}
F_{Q_T}(x) &= P[Q_T \leqslant x] = P[\max_{t \in [0,T]} Q(t) \leqslant x, t \in T] \\
&= \prod_{j=1}^{r} P[Q(t) \leqslant x, t \in \tau_j] = \prod_{j=1}^{r} \{1 - p[1 - F_Q(x)]\} \\
&= \{1 - p[1 - F_Q(x)]\}^r \quad (x \geqslant 0)
\end{aligned}
\tag{8-2}
$$

设荷载在 T 年内的平均弧线次数为 m，则 $m = pr$。对于在每一时间段内必然出现的荷载，其 $Q(t) > 0$ 的概率 $p = 1$，此时 $m = r$，则由式（8-2）得：

$$
F_{Q_T}(x) = [F_Q(x)]m
\tag{8-3}
$$

对于在每一时段内不一定都出现的荷载，$p < 1$，若式（8-2）中的 $p[1 - F_Q(x)]$ 项充分小，则：

$$
\begin{aligned}
F_{Q_T}(x) &= \{1 - p[1 - F_Q(x)]\}^r \approx \{e^{-p[1 - F_Q(x)]}\}^r \\
&= \{e^{-[1 - F_Q(x)]}\}^{pr} \approx \{1 - [1 - F_Q(x)]\}^r
\end{aligned}
$$

由此得：

$$
F_{Q_T}(x) \approx [F_Q(x)]^m
\tag{8-4}
$$

上述分析表明，对各种荷载，平稳二项随机过程 $\{Q(t), t \in [0, T]\}$ 在设计基准期 T 内最大值 Q_T 的概率分布函数 $F_{Q_T}(x)$ 均可表示为任意时点分布函数 $F_Q(x)$ 的 m 次方，式中各个参数需经调查统计分析得到。

2）几种常遇荷载的统计特性

（1）永久荷载 G。永久荷载（如结构自重）取值在设计基准期 T 内基本不变，从而随机过程转化为与时间无关的随机变量 $\{G(t) = G, t \in [0, T]\}$，其样本函数如图 8-2 所示。它在整个设计基准期内持续出现，即 $p = 1$。荷载一次出现的持续时间 $\tau = T$，在设计基准期内的时段数 $r = T/\tau = 1$，则 $m = pr = 1$，$F_{Q_T}(x) = F_Q(x)$。经统计可认为永久荷载的任意时点分布函数

$F_Q(x)$ 服从正态分布。

(2)可变荷载。对于可变荷载(如楼面活荷载、风荷载、雪荷载等),其样本函数的共同的特点是荷载一次出现的时间 $\tau < T$,在设计基准期内的时段数 $r > 1$,且在 T 内至少出现一次,所以平均出现次数 $m = pr \geqslant 1$。不同可变荷载,其统计参数 τ、p 以及任意时点荷载的概率分布函数 $F_Q(x)$ 都是不同的,但均可认为服从极值 I 型分布。

①楼面持久性活荷载 $L_i(t)$。持久性活荷载是楼面上经常出现,而在某个时段内(例如房间内二次搬迁之间)其取值基本保持不变的荷载,如住宅内的家具、物品,工业房屋内的机器、设备和堆料,还包括常在人员自重等。它在设计基准期内的任何时刻都存在,故 $p = 1$。经过对全国住宅、办公楼使用情况的调查分析可知,用户每次搬迁后的平均持续时间约为 10 年,即 $\tau = 10$ 年,若设计基准期取 50 年,则有 $r = T/\tau = 50/10 = 5$,则 $m = pr = 5$,相应得出的荷载随机过程样本函数如图 8-3 所示。

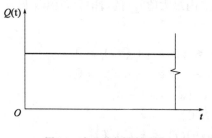

图 8-2　永久荷载样本函数

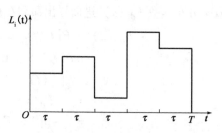

图 8-3　持久性活荷载样本

②楼面临时性活荷载 $L_r(t)$。临时性活荷载是指楼面上偶尔出现的短期荷载,如聚会的人群、维修时工具和材料的堆积、室内扫除时家具的集聚等。对于临时性活荷载,由于持续时间很短,在设计基准期内的荷载值变化幅度较大,要取得在单位时间内出现次数的平均率及其荷载值的统计分布,实际上是比较困难的。为了便于利用平稳二项随机过程模型,可通过对用户的查询,了解到最近若干年内的最大一次脉冲波,以此作为该时段内的最大荷载 L_{rs} 并作为荷载统计的对象,偏于安全得取 $m = 5$(已知 $T = 50$ 年,$\tau = 10$ 年),则其样本函数与持久性活荷载相似,如图 8-4 所示。

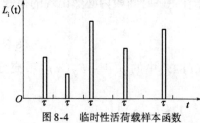

图 8-4　临时性活荷载样本函数

③风荷载 $W(t)$。对于工程结构(尤其是高耸的柔性结构)来说,风荷载是一种重要的直接水平作用,它对结构设计与分析有着重要影响。取风荷载为平稳二项随机过程,按它每年出现一次最大值考虑。当 $T = 50$ 年时,在 $[0, T]$ 内年最大风荷载共出现 50 次;在一年时段内,年最大风荷载必然出现,因此 $p = 1$,则 $m = pr = 50$。年最大风荷载随机过程的样本函数如图 8-5 所示。

④雪荷载 $S(t)$。雪荷载是房屋屋面结构的主要荷载之一。在统计分析中,雪荷载是采用基本血压作为统计对象的。各个地区的地面年最大雪压是一个随机变量。与结构承载能力设计相适应,需要首先考虑每年的设计基准期内可能出现的雪压最大值。与设计基准期相比,年最大雪压持续时间仍属短暂,因此,采用滤过泊松过程更符合实际情况。为了应用简便,《建筑结构可靠度设计统一标准》(GB 50068—2001)仍取雪荷载为平稳二项随机过程。此时,按它每年出现一次,当 $T = 50$ 年时有 $r = 50$;在一年时段内,年最大雪荷载必将出现,因此,$p = 1$,

这样 $m = pr = 5$。年最大雪荷载随机过程的样本函数类似图 8-5 所示。

图 8-5 年最大风荷载样本函数

⑤人群荷载。人群荷载调查以全国 10 多个城市或郊区的 30 座桥梁为对象,在人行道上任意划出一定大小的区域和不同长度观测段,分别连续记录瞬时出现在其上的最多人数,据此计算每平方米的人群荷载。由于行人高峰期在设计基准期内变化很大,短期实测值难以保证达到设计基准期内的最大值,故在确定人群荷载随机过程的样本函数时,可近似取每年出现一次荷载最大值。对于公路桥梁结构,设计基准期 T 为 100 年,则人群荷载 T 内的平均次数 $m = 100$。

需要特别指出的是,各种荷载的概率模型应通过调查实测,根据所获得的资料和数据进行统计分析后确定,使之尽可能地反映荷载的实际情况,并不要求一律采用平稳二项随机过程这种特定的概率模型。

8.1.2 滤过泊松过程

在一般运行状态下,当车辆的时间间隔为指数分布时,车辆荷载随机过程可用滤过泊松(Poisson)过程来描述,其样本函数如图 8-6 所示。

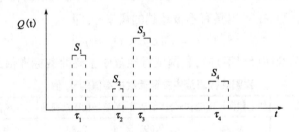

图 8-6 车辆荷载样本函数

车辆荷载随机过程 $\{Q(t), t \in [0, T]\}$ 可表达为:

$$Q(t) = \sum_{n=0}^{N(t)} \omega(t; \tau_n, S_n) \tag{8-5}$$

式中:$\{N(t), t \in [0, T]\}$——参数 λ 的泊松过程;

$\omega(t; \tau_n, S_n)$——响应函数,按下式计算:

$$\omega(t; \tau_n, S_n) = \begin{cases} S_n & t \in \tau_n \\ 0 & t \notin \tau_n \end{cases}$$

τ_n——第 n 个荷载持续时间,令 $\tau_0 = 0$;

$S_n (n = 1, 2, \cdots)$——相互独立同分布于 $F_Q(x)$ 的随机变来那个序列,称为截口随机变量,且与 $N(t)$ 互相独立,令 $S_0 = 0$。

滤过泊松过程最大值 Q_T 的概率分布表达式为:

$$F_{Q_T}(x) = e^{-\lambda T[1-F_Q(x)]} \qquad (8\text{-}6)$$

式中:$F_Q(x)$——车辆荷载时点分布函数,经拟合检验结果服从对数正态分布;

λ——泊松过程参数,这里为时间间隔指数分布参数的估计值。

8.2 荷载代表值

荷载代表值是根据要求而选定的一些荷载定量表达,是设计表达式中对荷载赋予的规定值,具体来说,荷载的代表值指的是在进行结构或结构构件设计时,针对不同的设计目的所采用的荷载规定值。

荷载代表值包括标准值、准永久值、组合值和频遇值。结构设计中,对不同荷载应采用不同的代表值;永久荷载采用标准值作为代表值;可变荷载应根据设计要求采用标准值、组合值、频遇值或准永久值作为代表值;《建筑结构荷载规范》(GB 50009—2012)中规定的偶然荷载,即爆炸力和撞击力等,应按建筑结构使用的特点确定其代表值。

8.2.1 荷载标准值

荷载标准值是《建筑结构荷载规范》(GB 50009—2012)规定的荷载基本代表值,为设计基准期内最大荷载统计分布的特征值(如均值、众值、中值或某个分位值)。

荷载标准值 Q_k 可以定义为在结构设计基准期 T 中荷载最大值的概率分布 $F_{Q_T}(x)$ 的某一偏不利的分位值确定,使其在 T 内具有不被超越的概率 p_k,即

$$F_{Q_T}(x) = P\{Q_T < Q_k = p_k\} \qquad (8\text{-}7)$$

在建筑结构设计基准期(50 年)内,我国现行规范中主要荷载标准值的 p_k 值见表 8-1。

我国现行规范中主要荷载标准值的 p_k 值   表 8-1

荷载类型	恒荷载	住宅楼面活荷载	办公楼面活荷载	商场楼面活荷载	风荷载	屋面雪荷载
p_k	0.50	0.92	0.79	0.89	0.57	0.36

荷载标准值 Q_k 也可用重现期 T_k 来定义。重现期为 T_k 的荷载值,称为"T_k 年一遇"的值,即在年分布中可能出现大于此值的概率为 $1/T_k$,即

$$F_Q(Q_k) = [F_{Q_T}(Q_k)]^{\frac{1}{T}} = 1 - \frac{1}{T_k} \qquad (8\text{-}8)$$

$$T_k = \frac{1}{1 - [F_{Q_T}(Q_k)]^{\frac{1}{T}}} = \frac{1}{1 - p_k^{\frac{1}{T}}} \qquad (8\text{-}9)$$

由式(8-9)可知,若已知设计基准期,则重现期 T_k 与 p_k 之间存在对应的关系。当规定设计基准期为 50 年时($T_k = 50$,即 Q_k 为 50 年一遇的荷载值),$p_k = 0.364$;当 $p_k = 0.95$ 时,$T_k = 975$,即 Q_k 为 95 年一遇的荷载值;当 $p_k = 0.5$,即取 Q_k 为 Q_T 分布的中位值时,$T_k = 72.6$,相当于 Q_k 为 72.6 年一遇的荷载值。

通过上面的讲述,可以把荷载标准值看成是结构在设计基准期内可能出现的最大荷载值,

但这个最大值不是绝对意义上的最大值,而是具有一定概率意义的最大值。

8.2.2 荷载准永久值

1)荷载超越某水平的表示方法

可变荷载是随时间变化的,在这个变化的随机过程中,表示超过某水平Q_x的方法有两种:一种是可变荷载超过Q_x的时间,另一种是超过Q_x的次数,如图8-7所示。

表示超过Q_x的时间时,可以用设计基准期T内超过Q_x的总持续时间$T_x = \sum t_i$,或总持续时间与设计基准期的比值(相对超越时间)$\mu_x = T_x / T$来表示。

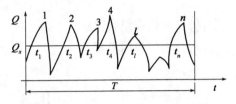

图8-7 可变荷载随时间变化示意图

表示超过Q_x的次数时,可以直接用次数n_x,或跨阈率$v_x = n_x / T$(单位时间内超过Q_x的平均次数)来表示。

2)荷载准永久值

荷载准永久值是可变荷载的一个代表值。如果相对超越时间$\mu_x \geq 0.5$,此时的荷载值即为荷载的准永久值,也就是说,在设计基准期内,有一半的时间荷载超过这个值,这个值就是荷载的准永久值,它是结构上经常达到和超越的荷载值,一般持续时间较长,荷载大小变化不大,荷载位置比较固定,如住宅中较为固定的家具、办公室的设备、学校的课桌等。

可变荷载准永久值与标准值的关系为:

$$Q_q = \psi_q \cdot Q_k \tag{8-10}$$

式中:Q_q——荷载准永久值;

ψ_q——准永久值系数;

Q_k——荷载标准值。

8.2.3 荷载频遇值

荷载频遇值是可变荷载的一个代表值,它是指在设计基准期T内,其超越的总时间为规定的较小比率或超越频率为规定频率的荷载值。

荷载频遇值可以看作是在设计基准期内,结构上较频繁出现的较大荷载值,是作用期限较短的可变荷载代表值。可变荷载频遇值与标准值的关系为:

$$Q_f = \psi_f \cdot Q_k \tag{8-11}$$

式中:Q_f——荷载频遇值;

ψ_f——频遇值系数。

8.2.4 荷载组合值

荷载组合值是可变荷载的一个代表值,指使组合后的荷载效应在设计基准期内的超越概率与该荷载单独时的相应概率趋于一致的荷载值。也就是说,组合后结构构件具有统一的可靠度水平。

荷载组合值主要用于基本组合中,也用于标准组合中。组合值是考虑施加在结构上的各种可变荷载不大可能同时达到各自的最大值,故荷载取值不仅与荷载本身有关,还与荷载效应组合所采用的概率模型有关。采用组合值的实质是要求结构在单一可变荷载作用下可靠度与在两种及两种以上可变荷载作用下的可靠度保持一致。因此,当结构上同时作用有两种或两种以上的可变荷载时,各可变荷载的代表值可采用组合值,即采用不同的组合之系数 ψ_c 对各自的标准值予以折减后的荷载值 Q_c。可变荷载组合值与标准值的关系为:

$$Q_c = \psi_c \cdot Q_k \tag{8-12}$$

式中: Q_c ——荷载组合值;

ψ_c ——组合值系数。

8.3 荷载效应组合

8.3.1 荷载效应

作用在结构上的荷载 Q 对结构产生不同的反应,称为荷载效应,记作 S。它们一般是指结构中产生的内力、应力、变形等。由于荷载的随机性,荷载效应也具有随机性。

从理论上讲,荷载效应需要从真实构件截面所产生的实际内力观测值进行统计分析。但由于目前测试技术还不够完善,以及收集这些统计数据的实际困难,使得直接进行荷载效应的统计分析不太现实。因此,荷载效应的统计分析目前还只能从较为容易的荷载统计分析入手。

对于线弹性结构或理想的简单静定结构,荷载效应 Q 与荷载 S 之间可简化地认为具有简单的线性比例关系,即

$$S = CQ \tag{8-13}$$

式中: C ——荷载效应系数,与结构形式、荷载分布及效应类型有关。

如图 8-8 所示,在均布荷载 q 作用下的简支梁,跨中弯矩 $M = ql^2/8$,则荷载效应系数 $C = l^2/8$;而跨中挠度 $f = 5ql^4/384EI$,则 $C = 5ql^4/384EI$。

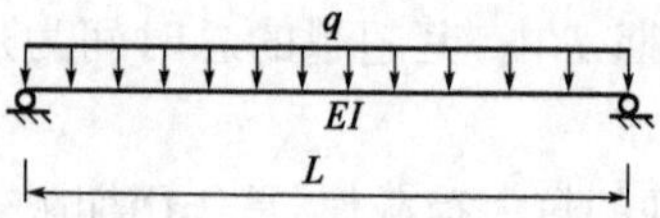

图 8-8 均布荷载作用的简支梁

与荷载的变异性相比,荷载效应系数的变异性较小,可近似认为是常数。因此,荷载效应与荷载具有相同的统计特性,并且它们统计参数之间的关系为:

$$\mu_S = C\mu_Q \tag{8-14}$$

$$\delta_S = C\delta_Q \tag{8-15}$$

但在实际工程的许多情况下,荷载效应与荷载之间并不存在以上的简单线性关系,而是某种较为复杂的函数关系。例如,有的文献将两者之间的关系取为:

$$S = CBQ \tag{8-16}$$

式中: B ——将随时间和空间变化的实际荷载模型化为等效静力荷载的随机变量;

C ——反映等效静力荷载转换为荷载效应时的影响因素的随机变量,这些影响因素包括计算图式的理想化、支座的嵌固程度和构件连接的刚性程度等。

当各随机变量之间统计相互独立时,荷载效应 S 的平均值和变异系数为:

$$\mu_S = \mu_C\mu_B\mu_Q \tag{8-17}$$

$$\delta_S = \sqrt{\delta_C^2 + \delta_B^2 + \delta_Q^2} \tag{8-18}$$

显然,上述模式比式(8-7)更为合理,但在进行 B 和 C 的统计分析时,依然存在实际困难,需要依靠经验人为判断取值。

目前在结构可靠度分析中,考虑到应用简便,往往仍假定荷载效应 S 和荷载 Q 之间存在或近似存在线性比例关系,以荷载的统计规律代替荷载效应的统计规律。

8.3.2 荷载效应组合规则

结构在设计基准期内总是同时承受永久荷载及其他可变荷载,如活荷载、风荷载、雪荷载等。这些可变荷载在设计基准期内以其最大值相遇的概率较小,例如最大风荷载与最大雪荷载同时出现的可能性很小。因此,结构设计除了研究单个荷载效应的概率分布外,还必须同时研究多个荷载效应组合的概率分布问题。从统计学的观点看,荷载效应组合问题就是寻求同时出现的几种荷载效应随机过程叠加后的统计特性。下面介绍两种较为常用的荷载效应组合规则。

1)JCSS 组合规则

该规则是国际结构安全联合委员会(Joint Committee on Structure Safety,JCSS)建议的一种近似规则,已被我国原《建筑结构设计统一标准》(GBJ 68—84)采用,其要点如下:

假如荷载效应随机过程 $\{S_i(t),t\in[0,T]\}$ 均为等时段的平稳二项随机过程($i=1,2,\cdots,n$),每一效应 $S_i(t)$ 在 $[0,T]$ 内的总时段数记为 r_i,按 $r_1\leqslant r_2\leqslant\cdots\leqslant r_n$ 顺序排列。将荷载 $Q_1(t)$ 在时段 τ_2 内的局部最大值效应 $\max S_2(t)$(持续时间为 τ_3)相组合,如图 8-9 所示。以此类推,即可得到 n 个相对最大综合效应 S_{mi}。

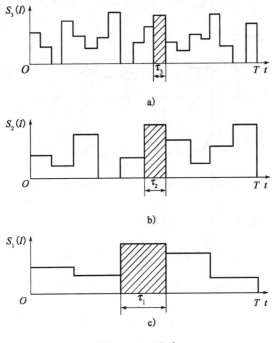

图 8-9 JCSS 组合

$$S_{m1} = \max S_1(t) + \max S_2(t) + \cdots + \max S_n(t)$$
$$S_{m2} = S_1(t_0) + \max S_2(t) + \max S_3(t) + \cdots + \max S_n(t)$$
$$\vdots$$
$$S_{mn} = S_1(t_0) + S_2(t_0) + \cdots + \max S_n(t)$$

(8-19)

式中:$S_i(t_0)$——荷载效应随机过程 $S_i(t)$ 任意时点随机变量,其分布函数为 $F_{S_i}(x)$。

式(8-13)表明 S_{mi} 实际上是 n 项随机变量之和。由概率论可知,其分布函数 $F_{S_{mi}}(x)$ 应为各随机变量分布函数 $F_{S_i}(x)$ 的卷积,即

$$F_{S_{m1}}(x) = F_{S_1}(x)^{r_1} \times F_{S_2}(x)^{r_2/r_1} \times \cdots \times F_{S_n}(x)^{r_n/r_{n-1}}$$
$$F_{S_{m2}}(x) = F_{S_1}(x) \times F_{S_2}(x)^{r_2} \times F_{S_3}(x)^{r_3/r_2} \times \cdots \times F_{S_n}(x)^{r_n/r_{n-1}}$$
$$\vdots$$
$$F_{S_{mn}}(x) = F_{S_1}(x) \times F_{S_2}(x) \times \cdots \times F_{S_n}(x)^{r_n}$$

(8-20)

在得出最大综合效应 S_{mi} 的分布函数 $F_{S_{mi}}(x)$ 后,按一次二阶可靠度计算各自的可靠指标 β_i $(i = 1, 2, \cdots, n)$,取其中 $\beta_0 = \min\beta_i$ 的一种组合作为控制设计的最不利组合。

2)Turkstra 组合规则

Turkstra 组合规则是 Turkstra、Larrabee 和 Cornell 等人早期提出的一种简单组合规则,简称 TR 规则。该规则依次将一个荷载效应在设计基准期内的最大值与其余荷载的任意时点值组合,如图 8-10 所示,即

$$S_{mi} = S_1(t_0) + \cdots + S_{i-1}(t_0) + \max_{t \in [0,T]} S_i(t_0) +$$
$$S_{i+1}(t_0) + \cdots + S_n(t_0) \qquad (i = 1, 2, \cdots, n)$$

(8-21)

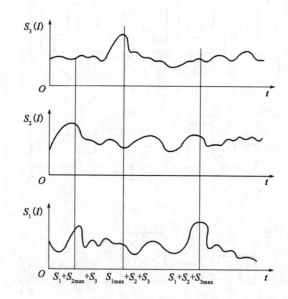

图 8-10 Turkstra 组合规则

则在设计基准期内,荷载效应组合的最大值为:

$$S_m = \max\{S_{m1}, S_{m2}, \cdots, S_{mn}\} \tag{8-22}$$

类似 JCSS 组合规则,可通过卷积运算得到式(8-21)中任一组相对最大值S_{mi}的概率分布函数$F_{S_{mi}}(x)$,进而选出 β 值最小的一组作为控制荷载效应组合。

从理论上讲,由于可能存在更为不利的组合情况,Turkstra 规则所得结果是偏于不保守的。但工程实践证明,这种规则相对简单使用,仍不失为一种较好的近似组合方法。

应当指出 JCSS 组合和 Turkstra 组合规则虽然能较好地反映多个荷载效应组合的概率分布问题,但涉及复杂的概率运算,所以在实际工程所采用还比较困难。目前的做法是在分析的基础上,结合以往设计经验,在设计表达式中采用简单可行的组合形式,并给定各种可变荷载的组合值系数。

《建筑结构可靠度设计统一标准》(GB 50068—2001)和《公路工程结构可靠度设计统一标准》(GB/T 50823—1999)规定,工程结构设计应根据使用过程中可能出现的荷载,按承载能力极限状态和正常使用极限状态分别进行荷载效应组合,并按各自最不利的效应组合进行设计。

在承载能力极限状态设计时,应根据不同的设计状况考虑不同的荷载效应组合。根据不同种类的荷载及其对结构的影响和结构所处的环境条件,设计状况可分为三种:一是持久状况,指在结构使用过程中一定出现,其持续期很长的状况;二是短暂状况,指在结构施工和使用过程中出现概率较大,而与设计使用年限相比,其持续期很短的状况(如施工和维修等);三是偶然状况,指在结构使用过程中出现的概率很小,且持续很短的状况(如爆炸、撞击、火灾等)。对持久和短暂设计状况,应采用基本组合;对偶然设计状况,应采用偶然组合。

在正常使用极限状态设计时,应根据不同的设计目的,分别采用不同的效应组合。当一个极限状态被超越时可能会产生严重的永久性损害,应采用标准组合;当一个极限状态被超越时将产生局部损害、较大变形或短暂振动,采用频遇组合;当长期效应是决定性因素时,则采用准永久组合。

本 章 小 结

(1)荷载可用随机过程来描述,当对结构进行分析和设计时,需将荷载的随机过程模型转换为随机变量模型。

(2)荷载代表值设计中直接采用的荷载量值,包括标准值、频遇值、准永久值和组合值四类,其中标准值是荷载的基本代表值,其他代表值都可在标准值的基础上乘以相应系数得到。

(3)荷载引起的结构或结构构件的反应如内力、变形等称为荷载效应。为了使多个可变荷载和单个可变荷载作用下、结构的可靠度趋于一致,需要进行荷载效应组合,本章给出了两种常用的荷载效应组合模型,即 Turkstra 组合和 JCSS 组合。

思考题

8-1　荷载的统计参数有哪些？进行荷载统计时必须统计的三个要素是什么？

8-2　什么是荷载代表值？荷载有哪些代表值？各代表值的含义是什么？

8-3　什么是荷载效应？

8-4　为什么要进行荷载效应组合？

8-5　两种常用的荷载效应组合模型是什么？

第9章

结构可靠度概念及设计指标

9.1 结构功能及其设计状态

9.1.1 结构的功能要求

结构设计过程中,其基本目标是在一定的经济条件下,赋予结构足够的可靠度,使结构建成后在规定的设计使用年限内满足设计所预定的各种功能要求。一般来说,房屋建筑、公路、桥梁等结构的功能要求可以概括为以下三个方面。

(1)安全性。结构能承受正常施工和使用时可能出现的各种作用,比如承载能力是否足够,结构构件是否会发生失稳破坏等。

(2)适用性。结构在正常施工和使用时应具有良好的工作性能,其挠度、裂缝或振动性能等均不超过规定的限度。如水池开裂则不能蓄水,吊车梁变形过大则影响运行,楼板振动过大则影响舒适性,都属于适用性没有达到要求。

(3)耐久性。结构在正常使用、正常维护的情况下需要具有足够的耐久性,为了满足耐久性要求,需要从构造措施等方面加以限制。比如为了防止钢筋锈蚀,混凝土保护层不得过薄,裂缝不得过宽,不得在化学腐蚀环境中影响结构预定的设计使用年限等。

9.1.2 结构的设计基准期与设计使用年限

结构的设计基准期与设计使用年限是两个不同的概念。结构设计基准期 T 是在确定可变荷载及与时间有关的材料性能取值时而选用的时间参数,它不等于结构的设计使用年限。我国针对不同的工程结构,规定了不同的设计基准期,如房屋建筑结构为 50 年,铁路及公路桥涵为 100 年,水泥混凝土路面结构不大于 30 年,沥青混凝土路面结构不大于 15 年。

设计使用年限是结构在正常设计、正常施工、正常使用和维护下所应达到的使用年限。在这一规定时期内,结构只需要进行正常的维护而不需要进行大修就能按照预期目的使用,以完成预定的功能。如达不到这个年限,这说明在设计、施工、使用与维护的某一环节上出现了非正常情况,应及时查找原因。结构可靠度或失效概率就是对结构的设计使用年限而言的,当结构的实际使用年限超过设计使用年限后,结构失效概率将会比设计时的预期值增大,但并不意味该结构立即丧失功能或报废。《工程结构可靠度设计统一标准》(GB 50153—2008)规定:房屋建筑结构和公路桥涵结构的设计使用年限应该按表 9-1、表 9-2 采用,铁路桥涵结构的设计使用年限为 100 年。

房屋建筑结构的设计使用年限 表 9-1

类　　别	设计使用年限(年)	示　　例
1	5	临时性结构
2	25	易于替换的结构构件
3	50	普通房屋和构筑物
4	100	标志性建筑和特别重要建筑

公路桥涵的设计使用年限 表 9-2

类　　别	设计使用年限(年)	示　　例
1	30	小桥、涵洞
2	50	中桥、重要小桥
3	100	特大桥、大桥、重要中桥

9.1.3 结构的安全等级

合理的工程结构设计应同时兼顾结构的可靠性与经济性。若将结构的可靠度水平定得过高,会提高结构造价,不符合经济性的原则;但一味地强调经济性,则又不利于保证可靠性。因此,设计时应根据结构破坏可能出现的各种后果的严重程度,对不同程度的工程结构采用不同的安全等级。我国将工程结构的安全等级划分为三级,参见表 9-3、表 9-4。

房屋建筑结构的安全等级 表 9-3

安 全 等 级	破 坏 结 果	建筑物类型
一级	很严重	重要的房屋
二级	严重	一般的房屋
三级	不严重	次要的房屋

公路工程结构的安全等级 表9-4

安 全 等 级	路 面 结 构	桥 涵 结 构
一级	高速公路路面	特大桥、重要大桥
二级	一级公路路面	大桥、中桥、重要小桥
三级	二级公路路面	小桥、涵洞

对于有特殊要求的建筑物和公路结构工程,其安全等级可根据具体情况另行确定,并应符合有关规范的规定。

一般情况下,同一结构中各类构件的安全等级宜与整体结构同级,同一技术等级公路路面结构的安全等级也宜相同。必要时也可调整其中部分构件、路面地段的安全等级,但调整后的安全等级不得低于三级或其级差不得超过一级(公路桥梁结构)。

9.1.4 结构的极限状态

极限状态是判断结构是否满足某种功能要求的标准,是结构可靠(有效)或不可靠(失效)的临界状态。极限状态的一般定义:整个结构或结构的一部分超过某一特定状态就不能满足某一功能要求,此特定状态称为该功能的极限状态。

我国《建筑结构可靠度设计统一标准》(GB 50068—2001)将极限状态分为承载能力极限状态和正常使用极限状态两类。对于结构的各种极限状态,均应规定明确的标志及极限。

1)承载能力极限状态

这类极限状态对应于结构或结构构件达到最大的承载能力或不适于继续承载变形。当结构或构件出现下列状态之一,即认为超过了承载能力极限状态:

(1)整个结构或结构的一部分作为刚体失去平衡(如雨篷、烟囱倾覆,挡土墙滑移等);

(2)结构构件或其连接因超过材料强度而破坏(包括疲劳破坏,如轴心受压构件中混凝土达到轴心抗压强度、构件钢筋因锚固长度不足而被拔出等)或者因为过度的塑性变形而不适于继续承受荷载;

(3)由于某些截面或构件的破坏而使结构变为机动体系;

(4)结构或结构构件丧失稳定(如压屈等);

(5)地基丧失承载能力而破坏(如失稳等)。

2)正常使用极限状态

这类极限状态对应于结构或结构构件达到正常使用或耐久性能的某项规定限值,当结构或结构构件出现下列状态之一,即可认为超过了正常使用极限状态:

(1)影响正常使用或者有碍外观的变形;

(2)影响正常使用或耐久性能的局部破坏(包括裂缝过宽等);

(3)影响正常使用的振动;

(4)影响正常使用的其他特定状态。

在结构设计时,应考虑到所有的可能的极限状态,以保证结构具有足够的安全性、适用性、耐久性,并按照不同的极限状态采用相应的可靠度水平进行设计。承载能力极限状态的出现概率应当严格控制,因为其可能导致人身伤亡和大量的财产损失。正常极限状态可以理解为结构或结构构件使用功能的破坏或损害,或结构质量的恶化。与承载能力极限状态相比较,由于其危害较小,故允许出现概率可以相对较高,但仍应予以足够重视。因为结构构件的过大变形虽然一般不会导致破坏,但是会造成房屋内粉刷层剥落、填充墙和隔断墙开裂以及屋面积水等不良后果,过大的变形也会造成用户心理上的不安全感。钢筋混凝土构件过大的裂缝不仅有损建筑物外观和影响结构的耐久性,而且有时也会导致重大的工程事故。

9.2 结构的可靠度与可靠指标

9.2.1 结构可靠性与可靠度

如前所述,结构的可靠性是安全性、适用性和耐久性的统称,它可定义为:结构在规定的时间内,在规定的条件下,完成预定功能的能力。

结构可靠度是对结构可靠性的定量描述,即结构在规定的时间内,在规定的条件下,完成预定功能的概率。这是以统计数学的观点为基础比较科学的定义,因为在各种随机因素的影响下,完成预定功能的能力,不能事先确定,只能用概率度量才符合客观实际。

上述所谓"规定的时间",是指结构应该达到的设计使用年限;"规定的条件"是指结构正常设计、正常施工、正常使用和维护条件下,不考虑人为错误或过失的影响,也不考虑结构任意改建或改变使用功能等情况;"预定功能"是指结构设计所应满足的各项功能要求。

结构完成预期功能的概率也称为"可靠概率",表示为 p_s;而结构不能完成预定功能的概率称为"失效概率",表示为 p_f。按定义结构的可靠概率和失效概率显然是互补的,即有:

$$p_s + p_f = 1 \tag{9-1}$$

由于结构的失效概率比可靠概率具有更明确的物理意义,加之计算和表达上的方便,习惯上常用失效概率来度量结构的可靠性。失效概率 p_f 越小,表明结构的可靠性越高;反之,失效概率 p_f 越大,则结构的可靠性越低。

按极限状态进行结构设计时,可以针对功能所要求的各种结构性能(如强度、刚度、裂缝等),建立包括各种变量(荷载、材料性能、几何尺寸等)的函数,称为结构的功能函数,即

$$Z = g(X_1, X_2, \cdots, X_n) \tag{9-2}$$

实际上,在进行结构可靠度分析时,可将上述各种变量从性质上归纳为两类综合随机变量,即结构抗力 R 和所承受的荷载效应 S,则结构的功能函数可表示为:

$$Z = g(R, S) = R - S \tag{9-3}$$

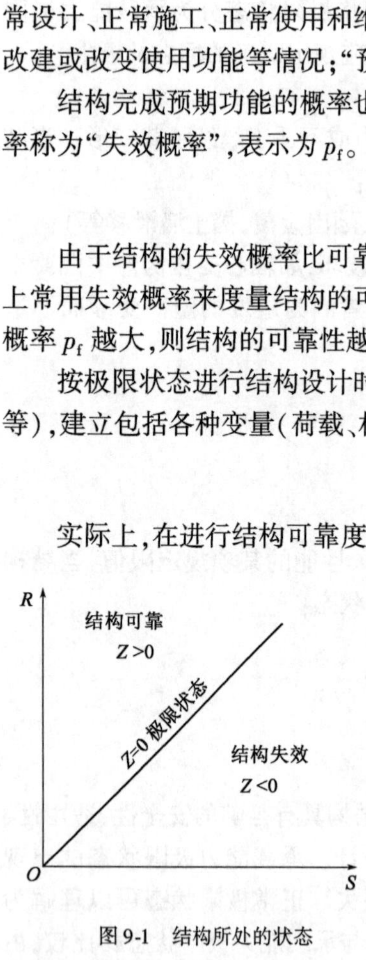

图9-1 结构所处的状态

显然,结构总可能出现下列三种情况,如图9-1所示。

当 $Z > 0$ 时,结构处于可靠状态;

当 $Z < 0$ 时,结构处于失效状态;

当 $Z = 0$ 时,结构处于极限状态。

$$Z = R - S \tag{9-4}$$

式(9-4)称为结构的极限状态方程,它是结构失效的

标准。

由于结构抗力 R 和荷载效应 S 均为随机变量,因此要绝对保证结构可靠($Z \geq 0$)是不可能的。从概率的观点,结构设计的目标就是使结构 $Z < 0$ 的概率(即失效概率 p_f)足够小,以达到人们可以接受的程度。

若已知结构的抗力 R 和荷载效应 S 的联合概率密度函数为 $f_{RS}(r,s)$,则由概率论可知,结构的失效概率为:

$$p_f = P\{Z < 0\} = P\{R - S < 0\} = \iint\limits_{r<s} f_{RS}(r,s)\,drds \tag{9-5}$$

假定 R、S 相互独立,相应的概率密度函数为 $f_R(r)$ 及 $f_S(s)$,则有:

$$p_f = \iint\limits_{r<s} f_R(r) \cdot f_S(s)\,drds = \int_0^{+\infty} \left[\int_0^s f_R(r)\,dr\right] \cdot f_S(s)\,ds$$

$$= \int_0^{+\infty} F_R(s) f_S(s)\,ds \tag{9-6}$$

或

$$p_f = \iint\limits_{r<s} f_R(r) \cdot f_S(s)\,drds = \int_0^{+\infty} \left[\int_r^{+\infty} f_S(s)\,ds\right] \cdot f_R(r)\,dr$$

$$= \int_0^{+\infty} \left[1 - \int_0^r f_S(s)\,ds\right] \cdot f_R(r)\,dr$$

$$= \int_0^{+\infty} \left[1 - F_S(r)\right] \cdot f_R(r)\,dr \tag{9-7}$$

式中:$F_R(s)$、$F_S(r)$——随机变量 R、S 的概率分布函数。

由上述可见,求解失效概率 p_f 会涉及复杂的数学运算,而且实际工程中 R、S 的分布往往不是简单函数,变量也不止两个,因此要精确计算出 p_f 值是十分困难的。目前,在近似概率法中,我国和国际上绝大多数国家都建议采用可靠指标代替失效概率来衡量结构的可靠性。

9.2.2 结构可靠指标

为了说明结构可靠指标的概念,用两个随机变量来解释。假定在功能函数 $Z = R - S$ 中,R 和 S 均服从正态分布且相互独立,其平均值和标准差分别为 μ_R、μ_S 和 σ_R、σ_S。由概率论可知,Z 也服从正态分布,其平均值和标准差分别为:

$$\mu_Z = \mu_R - \mu_S \tag{9-8}$$

$$\sigma_Z = \sqrt{\sigma_R^2 - \sigma_S^2} \tag{9-9}$$

则结构的失效概率为:

$$p_f = P\{Z < 0\} = P\left\{\frac{Z}{\sigma_Z} < 0\right\} = P\left\{\frac{Z - \mu_Z}{\sigma_Z} < -\frac{\mu_Z}{\sigma_Z}\right\} \tag{9-10}$$

上式实际上是通过标准变换,将 Z 的正态分布 $N(\mu_Z, \sigma_Z)$ 转化为标准正态分布 $N(0,1)$,令 $Y = Z - \mu_Z/\sigma_Z$,$\beta = \mu_Z/\sigma_Z$,则上式可以改写为:

$$p_f = P\{Y < -\beta\} = \Phi(-\beta) = 1 - \Phi(\beta) \tag{9-11}$$

或

$$\beta = \Phi^{-1}(1 - p_f) \tag{9-12}$$

式中：$\Phi(\cdot)$——标准正态分布函数；

$\Phi^{-1}(\cdot)$——标准正态分布函数的反函数。

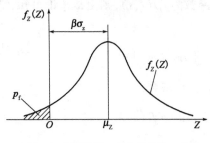

图9-2　可靠指标 β 与失效概率 p_f 关系

上述 β 与 p_f 的关系如图9-2所示，图中曲线为功能函数 Z 的概率密度函数 $f_Z(z)$。因 $\beta = \mu_Z / \sigma_Z$，平均值 μ_Z 距坐标原点的距离为 $\mu_Z = \beta\sigma_Z$。如标准差 σ_Z 保持不变，β 值越小，阴影部分的面积就越大，即失效概率 p_f 越大；反之亦然。因此，β 和 p_f 一样，可以作为度量结构可靠性的一个数量指标，称 β 为结构的可靠指标。由式(9-11)和式(9-12)可以看出可靠指标与失效概率为一一对应关系，参见表9-5。

常用可靠指标 β 与失效概率 p_f 的对应关系　　　　　表9-5

β	2.7	3.2	3.7	4.2	4.7
p_f	3.5×10^{-3}	6.9×10^{-4}	1.1×10^{-4}	1.3×10^{-5}	1.3×10^{-6}

当结构抗力 R 与荷载效应 S 均服从正态分布且相互独立时，由式(9-8)和式(9-9)可得出，可靠指标为：

$$\beta = \frac{\mu_R - \mu_S}{\sqrt{\sigma_R^2 - \sigma_S^2}} \tag{9-13}$$

若 R、S 均服从对数正态分布且相互独立，则 $\ln R$、$\ln S$ 服从正态分布，此时结构的功能函数为：

$$Z = \ln\left(\frac{R}{S}\right) = \ln R - \ln S \tag{9-14}$$

也服从正态分布，则可靠指标为：

$$\beta = \frac{\mu_{\ln R} - \mu_{\ln S}}{\sqrt{\sigma_{\ln R}^2 - \sigma_{\ln S}^2}} \tag{9-15}$$

式(9-15)中采用的统计参数是 $\ln R$ 和 $\ln S$ 的平均值 $\mu_{\ln R}$、$\mu_{\ln S}$ 和标准差 $\sigma_{\ln R}$、$\sigma_{\ln S}$。在实际应用中，有时采用 R、S 的统计参数 μ_R、μ_S 及 σ_R、σ_S 更为方便。由概率论可以证明，若随机变量 X 服从对数正态分布，则其统计参数与 $\ln X$ 的统计参数之间有下列关系：

$$\mu_{\ln X} = \ln\mu_X - \ln\sqrt{1 + \delta_X^2} \tag{9-16}$$

$$\sigma_{\ln X} = \sqrt{\ln(1 + \delta_X^2)} \tag{9-17}$$

式中：δ_X——随机变量 X 的变异系数。

将式(9-17)和式(9-16)代入式(9-15)，即可得到可靠指标的表达式：

$$\beta = \frac{\ln\dfrac{\mu_R\sqrt{1 + \delta_S^2}}{\mu_S\sqrt{1 + \delta_R^2}}}{\sqrt{\ln(1 + \delta_R^2) + \ln(1 + \delta_S^2)}} \tag{9-18}$$

当 δ_R、δ_S 都很小（小于0.3）时，上式可进一步简化为：

$$\beta = \frac{\ln \mu_R - \ln \mu_S}{\sqrt{\delta_R^2 + \delta_S^2}} \tag{9-19}$$

从上式可见,采用可靠度指标 β 来描述结构的可靠性,几何意义明确、直观,并且其运算只涉及随机变量的平均值和标准差,计算方便,因而在实际计算中得到广泛运用。

9.3 结构可靠度的常用计算方法

影响结构功能函数的基本随机变量较多,结构的功能函数往往是由多个随机变量组成的非线性函数,确定其概率分布非常困难。一般确定随机变量的统计参数(如方差、均值等)较为容易。下面介绍当随机变量相互独立时,分析结构可靠度的两种基本方法。

9.3.1 中心点法

中心点法是在结构可靠度研究初期提出的一种方法。其基本思路为:利用随机变量的统计参数(平均值和标准差)的数学模型,分析结构的可靠度,并将极限状态功能函数在平均值(即中心点)处作泰勒级数展开,使之线性化,然后求解可靠指标。

设 $X_1, X_2, \cdots, X_i, \cdots, X_n$ 是结构中 n 个相互独立的随机变量,由这些随机变量所表示的结构功能函数为:

$$Z = g(X_1, X_2, \cdots, X_i, \cdots, X_n) \quad (i = 1, 2, \cdots, n) \tag{9-20}$$

将 Z 在随机变量 X_i 的平均值(即中心点)处展开为泰勒级数并取一次项,即

$$Z = g(\mu_{X_1}, \mu_{X_2}, \cdots, \mu_{X_i}, \cdots, \mu_{X_n}) + \sum_{i=1}^{n} \frac{\partial g}{\partial X_i}\Big|_{\mu} (X_i - \mu_{X_i}) \tag{9-21}$$

式中: μ_{X_i} ——随机变量 X_i 的平均值 $(i = 1, 2, \cdots, n)$;

$\frac{\partial g}{\partial X_i}\Big|_{\mu}$ ——功能函数 Z 对 X_i 的偏导数在平均值 μ_{X_i} 处赋值。

功能函数 Z 的平均值和标准差可分别近似表示为:

$$\mu_Z = g(\mu_{X_1}, \mu_{X_2}, \cdots, \mu_{X_i}, \cdots, \mu_{X_n}) \tag{9-22}$$

$$\sigma_Z = \sqrt{\sum_{i=1}^{n} \left(\frac{\partial g}{\partial X_i}\Big|_{\mu} \cdot \sigma_{X_i} \right)^2} \tag{9-23}$$

式中: σ_{X_i} ——随机变量 X_i 的标准差 $(i = 1, 2, \cdots, n)$ 。

结构可靠指标为:

$$\beta = \frac{\mu_Z}{\sigma_Z} = \frac{g(\mu_{X_1}, \mu_{X_2}, \cdots, \mu_{X_i}, \cdots, \mu_{X_n})}{\sqrt{\sum_{i=1}^{n} \left(\frac{\partial g}{\partial X_i}\Big|_{\mu} \cdot \sigma_{X_i} \right)^2}} \tag{9-24}$$

当结构功能函数为结构中 n 个相互独立的随机变量 X_i 组成的线性函数时,则式(9-20)的解析表达式为:

$$Z = a_0 + \sum_{i=1}^{n} a_i X_i \tag{9-25}$$

式中: a_i ——常数 $(i = 1, 2, \cdots, n)$ 。

将 Z 在随机变量 X_i 的平均值处展开为泰勒级数,并取一次项,即

$$Z = a_0 + \sum_{i=1}^{n} a_i \mu_{X_i} + \sum_{i=1}^{n} a_i (X_i - \mu_{X_i}) \tag{9-26}$$

Z 的平均值和标准差分别为:

$$\mu_Z = a_0 + \sum_{i=1}^{n} a_i \mu_{X_i} \tag{9-27}$$

$$\sigma_Z = \sqrt{\sum_{i=1}^{n} a_i^2 \sigma_{X_i}^2} \tag{9-28}$$

根据概率论的中心极限定理,当随机变量的数量 n 足够大时,可以认为 Z 近似服从正态分布,则可靠指标可按下式计算:

$$\beta = \frac{\mu_Z}{\sigma_Z} = \frac{a_0 + \sum_{i=1}^{n} a_i \mu_{X_i}}{\sqrt{\sum_{i=1}^{n} a_i^2 \sigma_{X_i}^2}} \tag{9-29}$$

由上述计算可以看出,中心点法概念清楚,计算比较简单,可直接给出可靠指标 β 与随机变量统计参数之间的关系,分析方便灵活,但还存在以下不足。

(1)该方法没有考虑随机变量的概率分布类型,而只采用其统计特征值进行运算。若基本变量的概率分布为非正态分布或非对数正态分布,则可靠指标的计算结果与其标准值有较大出入,不能采用。

(2)将非线性功能函数在随机的平均值处展开不合理,由于随机变量的平均值不在极限状态曲面上,展开后的线性极限状态平面可能会较大程度地偏离原来的极限状态曲面。可靠指标 β 依赖于展开点的选择。

(3)对于同一问题,如采用不同形式的功能函数,可靠指标计算可能不同,有时甚至差异很大。

【例 9-1】 一伸臂梁,如图 9-3 所示。在伸臂端承受集中力 P,梁所能承受的极限弯矩为 M_u,若梁内由荷载产生的最大弯矩 $M > M_u$,梁即失效,则该梁的承载功能函数为:

$$Z = g(M_u, P) = M_u - \frac{1}{2}Pl$$

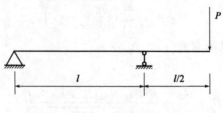

图9-3　例9-1图

已知:$\mu_P = 4\text{kN}$,$\sigma_P = 0.8\text{kN}$,$\mu_{M_u} = 20\text{kN}$,$\sigma_{M_u} = 2\text{kN} \cdot \text{m}$,梁跨度 l 为常数,$l = 5\text{m}$。试采用中心点法计算该梁的可靠指标。

【解】 根据该梁的功能函数形式,利用式(9-27)、式(9-28)计算 Z 的平均值和标准差:

$$\mu_Z = \mu_{M_u} - \frac{1}{2}l\mu_P = 20 - \frac{1}{2} \times 5 \times 4 = 10(\text{kN} \cdot \text{m})$$

$$\sigma_Z = \sqrt{\sigma_{M_u}^2 + \left(\frac{1}{2}l\,\sigma_P\right)^2} = \sqrt{2^2 + \left(\frac{1}{2} \times 5 \times 0.8\right)^2} = 2.828(\text{kN} \cdot \text{m})$$

则可靠指标为:

$$\beta = \frac{\mu_Z}{\sigma_Z} = \frac{10}{2.828} = 3.536$$

【例9-2】 某一圆截面拉杆,已知各变量的平均值和标准差为:材料屈服强度 $\mu_{f_y} = 335\text{N/mm}^2$, $\sigma_{f_y} = 26.8\text{N/mm}^2$;杆件直径 $\mu_d = 14\text{mm}$,$\sigma_d = 0.7\text{mm}$;承受的拉力 $\mu_P = 25\text{kN}$,$\sigma_P = 6.25\text{kN}$。试用中心点法求可靠指标。

【解】 (1)功能函数以极限荷载形式表达时:

$$Z = g(f_y, d, P) = \frac{\pi}{4}d^2 f_y - P$$

$$\mu_Z = g(\mu_{f_y}, \mu_d, \mu_P) = \frac{\pi}{4}\mu_d^2\mu_{f_y} - \mu_P = \frac{\pi}{4} \times 14^2 \times 335 - 25000 = 26569.2(\text{N})$$

$$\frac{\partial g}{\partial f_y}\Big|_\mu \cdot \sigma_{f_y} = \frac{\pi}{4}\mu_d^2 \cdot \sigma_{f_y} = \frac{\pi}{4} \times 14^2 \times 26.8 = 4125.5(\text{N})$$

$$\frac{\partial g}{\partial d}\Big|_\mu \cdot \sigma_d = \frac{\pi}{4}\mu_d\mu_{f_y} \cdot \sigma_d = \frac{\pi}{4} \times 14 \times 335 \times 0.7 = 5156.9(\text{N})$$

$$\frac{\partial g}{\partial P}\Big|_\mu \cdot \sigma_P = -\sigma_P = -6250\text{N}$$

$$\sigma_Z = \sqrt{\sum_{i=1}^{n}\left(\frac{\partial g}{\partial X_i}\Big|_\mu \sigma_{X_i}\right)^2} = \sqrt{4125.5^2 + 5156.9^2 + (-6250)^2} = 9092.6(\text{N})$$

则可靠指标为:

$$\beta = \frac{\mu_Z}{\sigma_Z} = \frac{26569.2}{9092.6} = 2.922$$

(2)功能函数以应力形式表达时:

$$Z = g(f_y, d, P) = f_y - \frac{4P}{\pi d^2}$$

$$\mu_Z = g(\mu_{f_y}, \mu_d, \mu_P) = \mu_{f_y} - \frac{4\mu_P}{\pi\mu_d^2} = 172.6\text{N/mm}^2$$

$$\frac{\partial g}{\partial f_y}\Big|_\mu \cdot \sigma_{f_y} = \sigma_{f_y} = 26.8\text{N/mm}^2$$

$$\frac{\partial g}{\partial d}\Big|_\mu \cdot \sigma_d = \frac{8\mu_P}{\pi\mu_d^3} \cdot \sigma_d = 16.2\text{N/mm}^2$$

$$\frac{\partial g}{\partial P}\Big|_\mu \cdot \sigma_P = -\frac{4}{\pi\mu_d^2} \cdot \sigma_P = -40.6\text{N/mm}^2$$

$$\sigma_Z = \sqrt{\sum_{i=1}^{n}\left(\frac{\partial g}{\partial X_i}\Big|_\mu \sigma_{X_i}\right)^2} = \sqrt{26.8^2 + 16.2^2 + (-40.6)^2} = 51.3(\text{N/mm}^2)$$

则可靠指标为:

$$\beta = \frac{\mu_Z}{\sigma_Z} = \frac{172.6}{51.3} = 3.365$$

141

9.3.2 验算点法(JC法)

为了解决中心点法的不足,提出了验算点法。该法主要有以下两个特点:

(1)当极限状态方程 $g(X) = 0$ 为非线性曲面时,不以通过中心点的切平面作为线性近似,而以通过 $g(X) = 0$ 上的某一点 $X^*(X_1^*, X_2^*, \cdots, X_n^*)$ 的切平面作为线性近似,以减小中心点法的误差。

(2)当基本变量 X^* 具有分布类型的信息时,将 X_i 的分布在 X_i^* 处变换为正态分布,以考虑变量分布对结构可靠指标计算结果的影响。这个特定的 X^* 称为验算点或设计点。

验算点法的优点是能够考虑非正态的随机变量,在计算工作量增加不多的条件下,可对可靠指标进行精度较高的近似计算,求得满足极限状态方程的验算点设计值。

1)多个正态随机变量的情况

一般情况下,极限状态方程可由多个相互独立的随机变量组成,假定 $X_1, X_2, \cdots, X_n$ 为 n 个相互独立的正态基本变量,其平均值、标准差分别为 μ_i、$\sigma_i(i = 1, 2, \cdots, n)$。其极限状态方程为:

$$g(X_1, X_2, \cdots, X_n) = 0 \tag{9-30}$$

引入标准正态随机变量 $\hat{x}_i$,令:

$$\hat{X}_i = \frac{X_i - \mu_i}{\sigma_i} \tag{9-31}$$

则式(9-30)的极限状态方程在标准正态坐标系 $O'\hat{x}_1 \hat{x}_2 \cdots \hat{x}_n$ 中表示为:

$$\hat{g}(\hat{X}_1\sigma_1 + \mu_1, \cdots, \hat{X}_n\sigma_n + \mu_n) = 0 \tag{9-32}$$

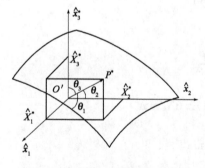

图9-4　三个变量时可靠指标与极限状态曲面与设计验算点

类似于两个正态随机变量的情况,此时可靠指标是标准正态坐标系 $O'\hat{x}_1 \hat{x}_2 \cdots \hat{x}_n$ 中原点 O' 到极限状态曲面的最短距离,也就是 P^* 沿其极限状态曲面的切平面法线方向至原点 O' 的长度。因此,问题转化为如何求得原点到曲面的最短距离。图9-4为三个随机变量时的极限状态曲面。

P^* 为法线的端点,其坐标为 $(\hat{X}_1^*, \hat{X}_2^*, \hat{X}_3^*)$。在 P^* 点作极限状态曲面的切平面,则切平面到原点的法线距离为 β 值。

该切平面可由极限状态曲面方程式(9-32)在 P^* 点进行泰勒级数展开,略去泰勒级数展开式第三项以后的高阶无穷小量:

$$g(\hat{X}_1^*\sigma_1 + \mu_1, \cdots, \hat{X}_n^*\sigma_n + \mu_n) + \sum_{i=1}^{n} \frac{\partial g}{\partial \hat{X}_i}\Big|_{P^*} \cdot (\hat{X}_i - \hat{X}_i^*) = 0 \tag{9-33}$$

式中:$\dfrac{\partial g}{\partial \hat{X}_i}\Big|_{P^*}$——偏导数在 P^* 点的赋值。

即

$$\sum_{i=1}^{n} \frac{\partial g}{\partial \hat{X}_i}\Big|_{P^*} \hat{X}_i - \sum_{i=1}^{n} \frac{\partial g}{\partial \hat{X}_i}\Big|_{P^*} X_i^* + g(\hat{X}_1^* \sigma_1 + \mu_1, \cdots, \hat{X}_n^* \sigma_n + \mu_n) = 0 \tag{9-34}$$

将式(9-34)乘以 $-1 \Big/ \Big[\sum\limits_{i=1}^{n} \Big(\frac{\partial g}{\partial \hat{X}_i}\Big|_{P^*} \Big)^2 \Big]^{\frac{1}{2}}$ 可得到:

$$\frac{\sum\limits_{i=1}^{n} \Big(-\frac{\partial g}{\partial \hat{X}_i}\Big|_{P^*} \Big)}{\Big[\sum\limits_{i=1}^{n} \Big(\frac{\partial g}{\partial \hat{X}_i}\Big|_{P^*} \Big)^2 \Big]^{\frac{1}{2}}} \hat{X}_i - \frac{\sum\limits_{i=1}^{n} \Big(-\frac{\partial g}{\partial \hat{X}_i}\Big|_{P^*} \hat{X}_i^* \Big) + g(\hat{X}_1^* \sigma_1 + \mu_1, \cdots, \hat{X}_n^* \sigma_n + \mu_n)}{\Big[\sum\limits_{i=1}^{n} \Big(\frac{\partial g}{\partial \hat{X}_i}\Big|_{P^*} \Big)^2 \Big]^{\frac{1}{2}}} = 0$$

$$\tag{9-35}$$

式(9-35)中 $\hat{X}_i$ 的系数就是方向余弦,即

$$\cos\theta_i = \frac{-\frac{\partial g}{\partial \hat{X}_i}\Big|_{P^*}}{\Big[\sum\limits_{i=1}^{n} \Big(\frac{\partial g}{\partial \hat{X}_i}\Big|_{P^*} \Big)^2 \Big]^{\frac{1}{2}}} \tag{9-36}$$

因为:

$$\frac{\partial g}{\partial \hat{X}_i}\Big|_{P^*} = \frac{\partial g}{\partial X_i}\Big|_{P^*} \cdot \sigma_i \tag{9-37}$$

将式(9-37)代入式(9-36)得:

$$\cos\theta_i = \frac{-\frac{\partial g}{\partial X_i}\Big|_{P^*} \cdot \sigma_i}{\Big[\sum\limits_{i=1}^{n} \Big(\frac{\partial g}{\partial X_i}\Big|_{P^*} \cdot \sigma_i \Big)^2 \Big]^{\frac{1}{2}}} \tag{9-38}$$

式(9-35)可写成赫斯平面标准方程。式中 θ_i 为各坐标向量 Z_i 对平面法线的方向角。

$$\sum_{i=1}^{n} Z_i \cos\theta_i - \beta = 0 \tag{9-39}$$

式(9-39)中常数项的绝对值,就是该平面到坐标原点的法线距离,即为可靠指标 β:

$$\beta = \frac{\sum\limits_{i=1}^{n} \Big(-\frac{\partial g}{\partial \hat{X}_i}\Big|_{P^*} i^* \Big) + g(\hat{X}_1^* \sigma_1 + \mu_1, \cdots, \hat{X}_n^* \sigma_n + \mu_n)}{\Big[\sum\limits_{i=1}^{n} \Big(\frac{\partial g}{\partial \hat{X}_i}\Big|_{P^*} \Big)^2 \Big]^{\frac{1}{2}}} \tag{9-40}$$

由于 X_i^* 为极限状态曲面上的一点,故有 $g(\hat{X}_1^* \sigma_1 + \mu_1, \cdots, \hat{X}_n^* \sigma_n + \mu_n) = 0$,代入式(9-40)并变换为用随机变量 X_i 表达的计算式:

$$\beta = \frac{\sum\limits_{i=1}^{n} \Big[-\frac{\partial g}{\partial \hat{X}_i}\Big|_{P^*} (X_i^* - \mu_i) \Big]}{\Big[\sum\limits_{i=1}^{n} \Big(\frac{\partial g}{\partial \hat{X}_i}\Big|_{P^*} \sigma_i \Big)^2 \Big]^{\frac{1}{2}}} = \frac{\sum\limits_{i=1}^{n} \Big[-\frac{\partial g}{\partial X_i}\Big|_{P^*} \sigma^* (X_i^* - \mu_i) \Big]}{\Big[\sum\limits_{i=1}^{n} \Big(\frac{\partial g}{\partial \hat{X}_i}\Big|_{P^*} \sigma_i \Big)^2 \Big]^{\frac{1}{2}}} \tag{9-41}$$

令：

$$\alpha_i = -\cos\theta_i \tag{9-42}$$

并由方向余弦的定义,则设计验算点 P^* 的坐标值可写为:

$$\hat{X}_i^* = \beta\cos\theta_i = -\alpha_i\beta \tag{9-43}$$

$$X_i^* = \beta\sigma_i\cos\theta_i + \mu_i = -\alpha_i\beta\sigma_i + \mu_i \tag{9-44}$$

与两个随机变量的情况一样,X_i^* 是极限状态方程的临界点,因此 X_i^* 可作为设计验算点。将式(9-44)代入式(9-30),可得:

$$g(-\alpha_1\beta\sigma_1 + \mu_1, \cdots, -\alpha_n\beta\sigma_n + \mu_n) = 0 \tag{9-45}$$

因为上面各式中所有导数均需在 P^* 点赋值,当采用式(9-41)或式(9-45)时,需要以 $\hat{X}_1^*$ 或 X_1^* 代入,而求得 β 值以前,它们也是未知的,所以这样计算很不方便。因此,需利用四个基本方程,即用式(9-42)、式(9-43)、式(9-44)和式(9-30)或式(9-45)采用迭代法求解可靠指标 β 值。

2)非正态随机变量的情况

前述问题都是按正态分布考虑的,而在工程结构的可靠度分析中不可能所有的变量都为正态分布。例如,材料强度和结构自重可能属于正态分布,而风荷载、雪荷载等可能服从极值Ⅰ型分布,结构抗力服从对数正态分布。因此,在采用验算点法计算可靠指标时,就需要先将非正态变量 X_i 在验算点处转换成当量正态变量 X_i',并确定其平均值 $\mu_{X_i'}$ 标准差 $\sigma_{X_i'}$,其转换条件如图9-5所示。

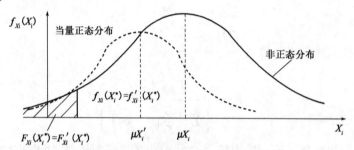

图9-5 非正态变量的当量正态化条件

(1)在设计验算点 X_i^* 处,当量正态变量 X_i' 与原非正态变量 X_i 的概率分布函数值(尾部面积)相等,即

$$F_{X_i'}(X_i^*) = F_{X_i}(X_i^*) \tag{9-46}$$

(2)在设计验算点 X_i^* 处,当量正态变量 X_i' 与原非正态变量 X_i 的概率密度函数值(纵坐标)相等,即

$$f_{X_i'}(X_i^*) = f_{X_i}(X_i^*) \tag{9-47}$$

由条件(1)可得：

$$F_{X_i}(X_i^*) = \Phi\left(\frac{X_i^* - \mu_{X_i'}}{\sigma_{X_i'}}\right) \tag{9-48}$$

$$\mu_{X_i'} = X_i^* - \Phi^{-1}[F_{X_i}(X_i^*)]\sigma_{X_i'} \tag{9-49}$$

由条件(2)可得：

$$f_{X_i}(X_i^*) = \frac{1}{\sigma_{X_i'}}\varphi\left(\frac{X_i^* - \mu_{X_i'}}{\sigma_{X_i'}}\right) = \frac{1}{\sigma_{X_i'}}\varphi\{\Phi^{-1}[F_{X_i^*}(X_i^*)]\} \tag{9-50}$$

则

$$\sigma_{X_i'} = \frac{\varphi\{\Phi^{-1}[F_{X_i}(X_i^*)]\}}{f_{X_i}(X_i^*)} \tag{9-51}$$

式中：$\Phi(\cdot)$，$\Phi^{-1}(\cdot)$——标准正态分布函数及其反函数；

$\varphi(\cdot)$——标准正态分布的概率密度函数。

当随机变量 X_i 服从对数正态分布，且已知其统计参数 μ_{X_i}、δ_{X_i} 时，可根据上述当量化条件，并结合式(9-16)和式(9-17)推导得：

$$\mu_{X_i'} = X_i^*\left(1 - \ln X_i^* + \ln\frac{\mu_{X_i}}{\sqrt{1 + \delta_{X_i}^2}}\right) \tag{9-52}$$

$$\sigma_{X_i'} = X_i^*\sqrt{\ln(1 + \delta_{X_i}^2)} \tag{9-53}$$

在极限状态方程中，求得非正态变量 X_i 的当量正态化参数 $\mu_{X_i'}$ 和 $\sigma_{X_i'}$ 以后，即可按正态变量的情况迭代求解可靠指标 β 和设计验算点坐标 X_i^*。应该注意，每次迭代时，由于验算点的坐标不同，故均需重新构造出新的当量正态分布。具体迭代计算框图如图9-6所示。

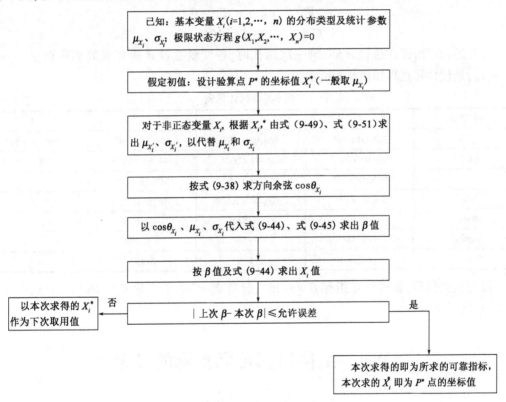

图9-6 验算点计算可靠指标 β 的迭代框图

【例9-3】 已知某一均质梁抗弯的极限状态方程为：

$$Z = g(f, W) = fW - M = 0$$

设计材料强度 f 服从对数正态分布，$\mu_f = 262\text{N/mm}^2$，$\delta_f = 0.10$；截面抵抗矩 W 服从正态分布，$\mu_W = 884.9 \times 10^{-6}\text{m}^3$，$\delta_W = 0.05$；承受的弯矩 $M = 128.8\text{kN}\cdot\text{m}$（为定值）。试用验算点法求解该梁的可靠指标。

【解】 对于对数正态变量 f 进行当量化,由式(9-52)、式(9-53)得:

$$\mu_{f'} = f^* \left(1 - \ln f^* + \ln \frac{\mu_f}{\sqrt{1 + \delta_f^2}} \right) = f^* (20.38 - \ln f^*)$$

$$\sigma_{f'} = f^* \sqrt{\ln(1 + \delta_f^2)} = 0.1 f^*$$

则:

$$\frac{\partial g}{\partial f} \Big|_{P*} \cdot \sigma_{f'} = -0.1 f^* W^*$$

$$\frac{\partial g}{\partial W} \Big|_{P*} \cdot \sigma_W = -44.25 \times 10^{-6} f^*$$

$$\cos\theta_{f'} = \frac{-0.1 f^* W^*}{\sqrt{(-0.1 f^* W^*)^2 + (-44.25 \times 10^{-6} f^*)^2}}$$

$$\cos\theta_W = \frac{-44.25 \times 10^{-6} f^*}{\sqrt{(-0.1 f^* W^*)^2 + (-44.25 \times 10^{-6} f^*)^2}}$$

$$f^* = \mu_{f'} + \sigma_{f'} \beta \cos\theta_f$$

$$W^* = \mu_W + \sigma_W \beta \cos\theta_W$$

$$f^* W^* - 128.8 \times 10^3 = 0$$

由上述公式按逐次迭代求解,第一次迭代时,各变量在设计验算点的初次取值 $f^* = \mu_f$,$W^* = \mu_W$,迭代计算过程如表9-6所示。

例9-3迭代计算表 表9-6

迭代次数	1	2	3	4
f^*	262.00×10^6	160.93×10^6	166.26×10^6	166.88×10^6
W^*	884.90×10^{-6}	800.40×10^{-6}	774.65×10^{-6}	771.85×10^{-6}
$\mu_{f'}$	260.99×10^6	238.74×10^6	241.23×10^6	
$\sigma_{f'}$	26.20×10^6	16.09×10^6	16.63×10^6	
$\cos\theta_f$	-0.894	-0.875	-0.868	
$\cos\theta_W$	-0.447	-0.484	-0.496	
β	4.272	5.148	5.151	

经三次迭代后,算得可靠指标 $\beta = 5.151$,验算点 P^* 的坐标值 $f^* = 166.88 \text{N/mm}^2$,$W^* = 771.85 \times 10^{-6} \text{m}^3$。

9.4 结构目标可靠指标的设定

9.4.1 目标可靠指标的概念和影响因素

所谓目标可靠指标,是指预先给定作为结构设计依据的可靠指标,它表示结构设计应满足的可靠度要求。设计时的目标可靠度由目标失效概率 p_f 或对应的目标可靠概率 p_s 来衡量决定,目前一般采用相应的目标可靠指标 β 来具体表达。目标可靠度应针对设计使用年限来定义,即在预期的设计使用年限内,结构具有目标可靠指标表达的可靠度。目标可靠指标,理论上应根据各种结构的重要性、失效后果、破坏性质、经济指标等因素以优化方法确定。结构设计目标可靠度的大小对结构的设计影响较大,如果目标可靠度定得高,则结构会设计得很"强",结构的直接造价会较大,同时结构的维护费相应会降低,投资风险亦将减少;而如果目标可靠度定得低,则结构会设计得很"弱",结构的直接造价会较低,同时维护费用相应增加,投资风险亦将加大。因此,结构设计目标可靠指标的确定应以在设计使用年限内,结构可靠与投资加维护等总经济费用达到最佳平衡为原则,一般需考虑以下四个因素:

(1)结构重要性;

(2)公众心理和消费水准;

(3)结构破坏易损性;

(4)社会的技术和经济发展水平。

因此,目标可靠度的确定是一个极其复杂的工程,涉及众多制约因素,不仅关系到人民生命财产的安全,有时还会产生严重的社会影响。对某些结构,还可能产生严重的政治后果,涉及国家的经济基础、科学技术水平等众多复杂因素。

目前,目标可靠指标的确定方法一般有以下几种:类比法(协商给定法)、经济优化法和经验校准法。

9.4.2 目标可靠指标的确定方法

(1)类比法

类比法是通过对人类在日常生活中所遇到的各种涉及生命的风险大小进行分析和比较,从而确定合适的为公众所能接受的目标可靠度水准。

调查显示,人们对不同死亡风险率的心理状态不同。当死亡风险率为 $1/10^3$ 时,断然不能接受;风险率为 $1/10^4$ 时,需加强警惕,采取措施,避免出现;当风险率为 $1/10^5$ 时,予以注意,但关心程度不太大;风险率为 $1/10^6$ 时,就不为人注意了。

美国、德国过去曾经对是人类在一些日常生活中的年死亡概率进行了统计,结果列于表9-7中。

各种活动的年死亡率 表9-7

事　　故	年 死 亡 率	事　　故	年 死 亡 率
爬山	5×10^{-3}	汽车旅行	2.5×10^{-5}
飞机旅行	1×10^{-4}	游泳	3×10^{-5}
采矿	7×10^{-4}	结构施工	3×10^{-5}
房屋失火	2×10^{-5}	电击	6×10^{-6}
雷击	5×10^{-7}	暴风	4×10^{-6}

因此,对于工程结构来说,可以认为年失效概率小于 1×10^{-4} 是较安全的,年失效概率小于 1×10^{-5} 安全的,而年失效概率为 1×10^{-6} 则是很安全的。例如,一般工业与民用建筑结构的设计使用年限为 50 年,因此当结构在设计基准期内失效概率分别小于 5×10^{-3}、5×10^{-4}、5×10^{-5} 时,可以认为结构分别为较安全、安全和很安全,相应的可靠指标在 $2.5 \sim 4.0$ 之间。建议结构的失效概率为 1×10^{-5},这大致相当于正常房屋在设计年限 50 年的失效概率为 5×10^{-4},当功能函数为正态分布时,相当于可靠指标 $\beta = 3.29$。年失效概率为 1×10^{-5} 是否合适

并为人们接受有待研究。

即使结构失效并不等同于失去生命，但由于无法定量考虑不同类工程结构和重要性不同的结构物的失效概率，且对风险水平的接受程度往往因人而异，所以用类比法这种方式确定的目标可靠指标不宜为人们广泛接受。

（2）经济优化法

经济优化法的基本思想是：结构目标可靠度水准的确定应综合考虑在结构失效后果和采取措施降低失效概率所需费用两者之间找一个平衡点，力求降低工程结构在寿命期内的总费用。结构在其寿命期的总费用可表示为：

$$C_{\text{fot}} = C_{\text{b}} + C_{\text{m}} + \sum P_{\text{f}} C_{\text{f}} \tag{9-54}$$

式中：C_{b}——工程结构成本费；

C_{m}——预期的维护费用；

C_{f}——失效费用；

P_{f}——寿命期失效概率。

合理的目标可靠度水准应在保证规定人身安全性水准的前提下，使结构寿命周期的总费用最少。这即形成以式（9-54）为目标函数的优化问题。

此法因为不易确定各项费用的影响因素和计算方法，也不易考虑社会因素等的影响（如人员对风险水平的接受程度等），所以还处在研究发展之中。

（3）经验校准法

经验校准法是指通过对现有结构构件可靠度的反演计算和综合分析，确定今后设计时所采用的结构构件可靠指标。

经验校准法提出的基本背景是：在实际工程中直接应用事故类比法以及经济优化法确定结构目标可靠度水准尚存在相当困难。其主要原因是结构计算失效概率与结构实际失效概率存在较大差异，后者相当多的部分是由人为过失造成的。经验校准法得以成立的基础有两点：其一是已有工程实践失效概率极小，其可靠度水准总体是合理的和可接受的；其二是考虑标准规范的现实继承性，可靠度水准不能相差太大。

经验校准法实质上是认为结构设计当时所实施规范的可靠度水准在总体上是合理的，只需对不合理的地方进行局部调整。我国现行结构设计规范的目标可靠度水准就是利用经验校准法确定。校准法符合事物发展的客观规律，也是世界上很多国家选取目标可靠指标所采用的方法。

下面以《建筑结构设计统一标准》（GBJ 68—1984）（以下简称"原结构设计规范"）设计表达式为例，说明校准法确定现行结构设计规范可靠指标 β 的基本原理和步骤。

原结构设计规范的强度计算表达式，一般可归结为：

$$K(S_{Gk} + S_{Qk}) \leq R_{\text{k}} \tag{9-55}$$

式中：K——原结构设计规范安全系数；

R_{k}——原结构设计规范结构构件抗力标准值；

S_{Gk}、S_{Qk}——原结构设计规范给出的恒载与可变荷载标准值。

按近似概率计算方法，结构极限状态方程为：

$$R - S_G - S_Q = 0 \tag{9-56}$$

式中：R、S_G、S_Q——分别表示构件抗力、永久荷载效应和可变荷载效应，均为随机变量。

如果已知 R、S_G、S_Q 的统计参数及概率分布类型，就可以用中心点法或验算点法求得可靠指标 β。

由前面分析可知，可靠性分析常用到 R、S_G、S_Q 的均值与标准值之间的下述关系：

$$K_R = \frac{\mu_R}{R_k}, K_{S_G} = \frac{\mu_{S_G}}{S_{GK}}, K_{S_Q} = \frac{\mu_{S_Q}}{S_{Qk}} \tag{9-57}$$

R、S_G、S_Q 的均方差也可等价表示为：

$$\sigma_R = \mu_R \delta_R, \sigma_{S_G} = \mu_{S_G} \delta_{S_G}, \sigma_{S_Q} = \mu_{S_Q} \delta_{S_Q} \tag{9-58}$$

前面已经给出了 K_R、K_{S_G}、K_{S_Q} 的求法和取值，故如果知道 K_R、K_{S_G}、K_{S_Q} 的值，就可以由式（9-57）求出均值。若取 $\rho = S_{Q_k}/S_{G_k}$，只要给定 S_{Q_k} 的取值就可以确定 S_{G_k} 的值。再由式（9-55）可以确定 R_k 的值。因此 R、S_G、S_Q 的取值与荷载效应的相对值 $\rho = S_Q/S_G$ 有关，而与荷载效应的绝对值无关。在校准时，S_{Q_k} 的值可以任意给定，求得 S_G、S_Q 的均值后，利用调查或求得的 S_G、S_Q 的均方差和 S_G、S_Q 的分布类型，即可解得按公式（9-55）设计的构件对应的可靠指标 β。

当然不同的极限状态下目标可靠指标也不一样，承载能力极限状态下的目标可靠指标应高于正常使用极限状态下的目标可靠指标。

我国《建筑结构可靠度设计统一标准》（GB 50068—2001）和《公路工程结构可靠度设计统一标准》（GB 50283—1999）根据结构的安全等级和破坏类型，在"校准法"的基础上，规定了承载能力极限状态设计时的目标可靠指标 β 值，如表9-8~表9-10所示。当承受偶然作用时结构构件的目标可靠指标应符合专门规范的规定。

建筑结构构件的目标可靠指标 β 值　　　　　　　表9-8

破坏类型	安 全 等 级		
	一级	二级	三级
延性破坏	3.7	3.2	2.7
脆性破坏	4.2	3.7	3.2

公路桥梁结构的目标可靠指标 β 值　　　　　　　表9-9

破坏类型	安 全 等 级		
	一级	二级	三级
延性破坏	4.7	4.2	3.7
脆性破坏	5.2	4.7	4.2

公路路面结构的目标可靠指标 β 值　　　　　　　表9-10

安全等级	一级	二级	三级
目标可靠指标	1.64	1.28	1.04

对于结构构件正常使用极限状态设计，我国《建筑结构可靠度设计统一标准》（GB 50068—2001）根据国际标准 ISO2394:1998 的建议，结合国内近年来的分析研究成果，规定其目标可靠指标宜按照结构构件作用效应的可逆程度，在 0~1.5 范围内选取。可逆程度较高的结构构件取较低值，可逆程度较低的结构构件取较高值。这里的可逆程度是指产生超越

正常使用极限状态的作用被移除后,结构构件不再保持该超越状态的程度。

应当指出,在实际工程中,正常使用极限状态设计的目标可靠指标,还应根据不同类型结构的特点和工程经验加以确定。如高层建筑结构,由于其柔性较大,水平荷载作用下产生的侧移较大,很多情况下成为控制结构设计的主要因素,因此目标可靠指标宜取得相对高些。

9.5 结构概率可靠度设计的规范设计方法

9.5.1 设计原则

由前面关于可靠指标的计算分析可以看出,只要已知结构构件抗力和荷载效应的概率分布和统计参数,即可求解可靠指标和各变量在设计验算点处的坐标值,这实际上属于结构构件的可靠度复核问题。对于工程结构设计,可以根据前面介绍的可靠指标计算公式进行逆运算,即采取结构概率可靠度直接设计方法,根据预先给定的目标可靠指标点及各基本变量的统计特征,通过可靠度计算公式求解结构构件抗力,然后进行构件截面设计。

采用结构概率可靠度的直接设计法进行结构设计,可使设计的结构具有明确的预先设定的目标可靠度,但其计算过程烦琐、工作量大。目前,对一般常见的结构构件,采用结构概率可靠度直接设计法进行设计尚不具备条件,一般采用可靠度间接设计法。我国规范历来沿用以基本变量代表值和设计系数表达的设计公式形式。因此,为方便广大工程技术人员进行设计,在具体的设计表达式上没有采用直接出现可靠指标的设计准则,而是给出了以概率极限状态设计法为基础的实用设计表达式。

在可靠度间接设计法中,具体的设计表达式采用基本变量代表值与可靠指标有一定对应关系的分项系数。这些分项系数反映了可靠指标,主要通过对可靠指标的分析及工程经验校准法来确定各个分项系数。这种可靠度间接设计法的设计表达式易于被工程师理解、接受和应用,且其具有的可靠度水平与设计目标可靠度尽可能一致或接近。为了使所设计的结构构件在不同情况下具有较一致的可靠度,通行的做法是在设计中采用多个分项系数的极限状态设计表达式。

《建筑结构可靠度设计统一标准》(GB 50068—2001)作了如下规定:

(1)建筑结构设计时,对所考虑的极限状态,应采用相应的结构作用效应最不利组合。

①进行承载能力极限状态设计时,应考虑作用效应的基本组合,必要时尚应考虑作用效应的偶然组合。

②进行正常使用极限状态设计时,应根据不同的设计目的,分别选用下列作用效应的组合:标准组合主要用于当一个极限状态被超越时将产生严重的永久性损害的情况;频遇组合主要用于当一个极限状态被超越时将产生局部较大变形或短暂振动等情况;准永久组合主要用于当长期效应是决定性因素时的一些情况。

(2)对偶然设计状况,建筑结构可采用下列原则之一按承载能力极限状态进行设计:

①按作用效应的偶然组合进行设计或采取防护措施,使主要承重结构不致因出现设计规定的偶然事件而丧失承载能力。

②允许主要承重结构因出现设计规定的偶然事件而局部破坏,但其剩余部分具有在一段

时间内不发生连续倒塌的可靠度。

9.5.2 承载能力极限状态设计表达式

承载能力极限状态下可靠度设计表达式如下：

无地震作用组合时

$$\gamma_0 S_d \leqslant R_d \tag{9-59}$$

有地震作用组合时

$$S \leqslant \frac{R}{\gamma_{RE}} \tag{9-60}$$

式中：γ_0——结构重要性系数，按表 9-11 取用；

$\quad S_d$——荷载组合的效应设计值；

$\quad R_d$——结构构件抗力的设计值，应按各有关建筑结构设计规范的规定确定；

$\quad S$——结构构件内力组合的设计值，包括组合的弯曲、轴向力和剪力设计值；

$\quad R$——结构构件承载力设计值；

$\quad \gamma_{RE}$——承载能力抗震调整系数。

各种结构形式的重要性系数取值　　　　　　　　　　　　　　　表 9-11

结构重要性系数 γ_0	适用范围					
	安全等级	结构使用年限				
		混凝土结构、钢结构	砌体结构	木结构	桥梁结构	烟囱
≥1.1	一级	100 年及以上（也适用于高层建筑）	50 年以上	100 年以上	—	100 年以上
≥1.0	二级	50 年（也适用与高层建筑）	50 年	50 年	—	其他情况
≥0.9	三级	5 年及以下	1~5 年	5 年	—	无

一般情况下的承载能力极限状态验算包括承载力、倾覆等，而抗震设计时所需要进行的界面抗震验算，只考虑承载能力的范畴。

由式(9-60)可知，抗震设计不考虑结构的重要性系数 γ_0，而改为考虑承载能力抗震调整系数 γ_{RE}。γ_{RE} 与构件材料(如钢、混凝土、砌体)、构件类别(如梁、墙、柱、支撑)和受力状态(如受弯、受剪、受压等)有关；当仅考虑竖向地震作用组合时，各类构件的承载力抗震调整系数均应取 1.0。

1)基本组合

对于建筑结构，其承载能力极限状态下的基本组合，可分为无地震作用效应的组合及有地震作用效应的组合，下面予以详细描述。

(1)无地震作用效应的基本组合

荷载基本组合的效应设计值 S_d，应从下列荷载组合值中取用最不利的效应设计值确定。

①由可变荷载效应控制的效应设计值，应按下式进行计算：

$$S_d = \sum_{j=1}^{m} \gamma_{G_j} S_{G_{jk}} + \gamma_{Q_1} \gamma_{L1} S_{Q_{1k}} + \sum_{i=2}^{n} \gamma_{Q_i} \gamma_{Li} \psi_{ci} S_{Q_{ik}} \tag{9-61}$$

②由永久荷载效应控制的效应设计值，应按下式进行计算：

$$S_d = \sum_{j=1}^{m} \gamma_{G_j} S_{G_{jk}} + \sum_{i=1}^{n} \gamma_{Q_i} \gamma_{Li} \psi_{ci} S_{Q_{ik}} \tag{9-62}$$

式中: γ_{G_j}——第 j 个永久荷载的分项系数,取值见表9-12;

$\qquad \gamma_{Q_i}$——第 i 个可变荷载的分项系数,其中 γ_{Q_1} 为主导可变荷载 Q_1 的分项系数,取值见表9-13;

$\qquad \gamma_{Li}$——第 i 个可变荷载考虑设计使用年限的调整系数,其中 γ_{L1} 为主导可变荷载 Q_1 考虑设计使用年限的调整系数,取值见表9-14;

$\qquad S_{G_{jk}}$——按第 j 个永久荷载标准值 G_{jk} 计算的荷载效应值;

$\qquad S_{Q_{ik}}$——按第 i 个永久荷载标准值 Q_{ik} 计算的荷载效应值,其中 $S_{Q_{1k}}$ 为各可变荷载效应中起控制作用者,当对 $S_{Q_{1k}}$ 无法明显判断时,应轮次以各可变荷载效应作为 $S_{Q_{1k}}$,并选取其中最不利的荷载组合的效应设计值;

$\qquad \psi_{ci}$——第 i 个可变荷载 Q_1 的组合值系,除对风荷载取 0.6 外,一般情况下都取 0.7,对书库、储存室、档案库或通风机房、电梯机房应取 0.9,但不于其频遇值系数;

$\qquad m$——参与组合的永久荷载数;

$\qquad n$——参与组合的可变荷载数。

永久荷载分项系数 γ_G　　　　　　　　　　　　　　　　　　　表9-12

设 计 条 件	效应组合情况	γ_G
永久荷载效应	对由可变荷载效应控制的组合	1.2
对结构不利时	对由永久荷载效应控制的组合	1.35
永久荷载效应	对一般情况	1.0
对结构有利时	对结构刚体失去平衡的验算	不作统一规定

可变荷载分项系数 γ_Q　　　　　　　　　　　　　　　　　　　表9-13

设 计 条 件	效应组合情况	γ_Q
可变荷载效应对结构不利时	一般情况	1.4
	对标准值不于 4kN/m² 的工业产房屋楼面结构活荷载	1.3
可变荷载效应对结构有利时		0.0

楼面和屋面活荷载考虑设计使用年限的调整系数 γ_L　　　　　　表9-14

结构设计使用年限(年)	5	50	100
γ_L	0.9	1.0	1.1

注:1. 当设计使用年限不为表中数值时,调整系数 γ_L 可按线性内插确定。

　2. 对于荷载标准值可控制的活荷载,设计使用年限调整系数 γ_L 取 1.0。

值得一提的是,对无地震作用效应基本组合中的两个公式,计算出来的组合值大者即为相应荷载效应控制的组合。例如,一简支梁由恒载产生的跨中弯矩为 5kN·m,活荷载产生的跨中弯矩为 2kN·m,由永久荷载效应控制的效应设计值 $M = 1.35 \times 5 + 1.4 \times 1 \times 0.7 \times 2 = 8.71$ (kN·m);由可变荷载效应控制的效应设计值 $M = 1.2 \times 5 + 1.4 \times 1 \times 2 = 8.8$ (kN·m),故该简支梁的跨中弯矩由可变荷载控制。

(2)有地震作用效应的基本组合

当考虑地震作用时,基本组合的设计值为:

$$S = \gamma_G S_{G_E} + \gamma_{E_h} S_{E_{hk}} + \gamma_{E_v} S_{E_{vk}} + \psi_w \gamma_w S_{wk} \qquad (9\text{-}63)$$

式中:S——考虑地震作用效应和其他荷载效应组合的设计值;

γ_G——重力荷载分项系数,一般情况应采用1.2,当重力荷载效应对构件承载能力有利时,不应大于1.0;

γ_{E_h}、γ_{E_v}——分别为水平、竖向地震作用分项系数,取值见表9-15;

γ_w——风荷载分项系数;

S_{G_E}——重力荷载代表值的效应,有吊车时,尚应包括悬挂吊物重力标准值的效应;

$S_{E_{hk}}$——水平地震作用标准值的效应,尚应乘以相应的增大系数或调整系数;

$S_{E_{vk}}$——竖向地震作用标准值的效应,尚应乘以相应的增大系数或调整系数;

S_{w_k}——风荷载标准值的效应。

ψ_w——风荷载组合值系数,一般结构可不考虑,风荷载起控制作用的高层建筑可采用0.2。

有地震作用组合时分项系数取值 表9-15

所考虑的组合	γ_G	γ_{E_h}	γ_{E_v}	γ_w	说　明
重力荷载及水平地震作用	1.2	1.3	—	—	抗震设计的高层建筑结构均应考虑
重力荷载及竖向地震作用	1.2	—	1.3	—	9度抗震设计时考虑;水平长悬臂和大跨度结构7度$(0.15g)$、8度、9度抗震设计时考虑
重力荷载,水平地震及竖向地震作用	1.2	1.3	0.5	—	9度抗震设计时考虑;水平长悬臂和大跨度结构7度$(0.15g)$、8度、9度抗震设计时考虑
重力荷载,水平地震作用及风荷载	1.2	1.3	—	1.4	60m以上的高层建筑考虑
重力荷载,水平地震作用、竖向地震作用及风荷载	1.2	1.3	0.5	1.4	60m以上的高层建筑,9度抗震设计时考虑;水平长悬臂和大跨度结构7度$(0.15g)$、8度、9度抗震设计时考虑
	1.2	0.5	1.3	1.4	水平长悬臂和大跨度结构7度$(0.15g)$、8度、9度抗震设计时考虑

注:1. g 为重力加速度。

2. 表中"—"号表示组合中不考虑该项荷载或作用效应。

3. 所谓的大跨度,是指7度$(0.15g)$、8度时,跨度不小于24m,9度时,跨度不小于18m;长悬臂是指7度$(0.15g)$、8度时,悬挑长度不小于2m,9度时,悬挑长度不小于1.5m。

(3)一般情况下基本组合的实用表达式

对于一般的建筑结构遇到的荷载效应包括恒荷载、活荷载、风荷载和地震作用(包括水平地震作用、竖向地震作用),一般结构的设计使用年限是50年,则对上述无地震和有地震作用的基本组合可进行简化。

无地震作用效应组合公式:

①永久荷载效应起控制作用

$$S_d = 1.35 S_{G_k} + 0.7 \times 1.4 S_{Q_k} \tag{9-64}$$

②可变荷载效应起控制作用

活荷载较大时:

153

$$S = 1.2 S_{G_k} + 1.4 S_{Q_k} + 0.6 \times 1.4 S_{w_k} \tag{9-65}$$

风荷载较大时：

$$S = 1.2 S_{G_k} + 0.7 \times 1.4 S_{Q_k} + 1.4 S_{w_k} \tag{9-66}$$

有地震作用效应组合公式：

①对于一般结构，应考虑重力荷载和水平地震作用的组合。

$$S = 1.2 S_{G_E} + 1.3 S_{E_{hk}} \tag{9-67}$$

②对于9度抗震设计的一般结构和7度(0.15g)、8度、9度抗震设计的大跨度、长悬臂结构，应考虑重力荷载和竖向地震作用的组合。

$$S = 1.2 S_{G_E} + 1.3 S_{E_{hk}} + 1.3 S_{E_{vk}} \tag{9-68}$$

③对于9度抗震设计的一般结构和7度(0.15g)、8度、9度抗震设计的大跨度、长悬臂结构，应考虑重力荷载、水平地震作用和竖向地震作用的组合。

$$S = 1.2 S_{G_E} + 1.3 S_{E_{hk}} + 0.5 S_{E_{vk}} \tag{9-69}$$

④对于60m以上的高层结构，应考虑重力荷载、水平地震作用和风荷载的组合。

$$S = 1.2 S_{G_E} + 1.3 S_{E_{hk}} + 0.2 \times 1.4 S_{w_k} \tag{9-70}$$

⑤对于9度抗震设计60m以上的高层结构以及7度(0.15g)、8度、9度抗震设计的大跨度、长悬臂结构，应考虑重力荷载、水平地震作用、竖向地震作用和风荷载的组合。

$$S = 1.2 S_{G_E} + 1.3 S_{E_{hk}} + 0.5 S_{E_{vk}} + 0.2 \times 1.4 S_{w_k} \tag{9-71}$$

⑥对于7度(0.15g)、8度、9度设防的大跨度、长悬臂结构，应考虑重力荷载、地震水平地震作用、竖向地震作用和风荷载的组合。

$$S = 1.2 S_{G_E} + 0.5 S_{E_{hk}} + 1.3 S_{E_{vk}} + 0.2 \times 1.4 S_{w_k} \tag{9-72}$$

2)偶然组合

(1)用于承载力极限状态计算的荷载效应设计值，应按下式进行计算：

$$S_d = \sum_{j=1}^{m} S_{G_{jk}} + S_{A_d} + \psi_{f1} S_{Q_{1k}} + \sum_{i=2}^{n} \psi_{qi} S_{Q_{ik}} \tag{9-73}$$

式中：S_{A_d}——按偶然荷载标准值 A_d 计算的荷载效应值；

ψ_{f1}——第1个可变荷载的频遇值系数；

ψ_{qi}——第 i 个可变荷载的准永久值系数。

(2)用于偶然事件发生后受损结构整体稳固性验算的效应设计值，应按下式进行计算：

$$S_d = \sum_{j=1}^{m} S_{G_{jk}} + \psi_{f1} S_{Q_{1k}} + \sum_{i=2}^{n} \psi_{qi} S_{Q_{ik}} \tag{9-74}$$

9.5.3 正常使用极限状态设计表达式

正常使用极限状态下可靠度设计表达式，根据不同的设计要求，可采用标准组合、频遇组合或准永久组合进行设计。其表达式为：

$$S_d \leqslant C \tag{9-75}$$

式中：S_d——变形、裂缝等荷载效应组合的设计值；

C——结构或构件达到正常使用要求的规定限值，例如变形、裂缝等的限值，应按有关建筑结构设计规范的规定采用。

1）荷载效应标准组合的效应设计值

$$S_d = \sum_{j=1}^{m} S_{G_{jk}} + S_{Q1k} + \sum_{i=2}^{n} \psi_{ci} S_{Qik} \tag{9-76}$$

荷载效应标准组合为永久荷载的标准值之和、主导可变荷载的标准值一般可变荷载的组合值之和相加，其设计值代表了构件在设计使用年限内的效应最大值。显然，从正常使用的要求来看，一般情况下取这样的罕遇值是过分偏于安全的，因此《混凝土结构设计规范》（GB 50010—2010）将一般的裂缝和变形验算由标准组合调整为准永久组合。

2）荷载效应频遇组合的效应设计值

$$S_d = \sum_{j=1}^{m} S_{G_{jk}} + \psi_{f1} S_{Q1k} + \sum_{i=2}^{n} \psi_{qi} S_{Qik} \tag{9-77}$$

频遇组合为永久荷载的标准值之和、主导可变荷载的频遇值和一般可变荷载的准永久值之和相加，并考虑可变荷载与时间的关系，它意味着允许某些极限状态在一个较短的持续时间内被超过，或在总体不长的持续时间内被超过，相当于结构上偶尔出现的较大荷载值。频遇组合目前在设计实践中还没有得到采用，随着人们对正常使用功能的认识深入后，会逐渐代替现行的标准组合。

3）荷载效应准永久组合的效应设计值

$$S_d = \sum_{j=1}^{m} S_{G_{jk}} + \sum_{i=1}^{n} \psi_{qi} S_{Qik} \tag{9-78}$$

准永久组合为永久荷载的标准值之和与可变荷载的准永久值之和相加，并考虑可变荷载与时间的关系，相当于可变荷载在整个变化过程中的中间值，它代表的结构长期作用的荷载。

【例9-4】 某工厂工作平台净重为5.4kN/m²，活荷载为2.0kN/m²，求荷载的基本组合设计值。

【解】 （1）由永久荷载控制的组合：

$$S_1 = \gamma_G S_{G_k} + \gamma_Q \psi_c S Q_k = 1.35 \times 5.4 + 1.4 \times 0.7 \times 2.0 = 9.25 (\text{kN/m}^2)$$

（2）由可变荷载控制的组合：

$$S_2 = \gamma_G S_{G_k} + \gamma_Q S Q_k = 1.2 \times 5.4 + 1.4 \times 2.0 = 9.28 (\text{kN/m}^2)$$

故荷载组合设计值取 $S = S_2 = 9.28\text{kN/m}^2$。

【例9-5】 某非地震区的大楼横梁，在永久荷载标准值、楼面活荷载标准值和风荷载标准值的分别作用下，该梁端的弯矩标准值分别为 $M_{G_k} = 10\text{kN} \cdot \text{m}$，$M_{Q1k} = 12\text{kN} \cdot \text{m}$，$M_{G2k} = 4\text{kN} \cdot \text{m}$。求梁端弯矩的基本组合设计值。

【解】 （1）由永久荷载控制的组合

$$M_1 = \gamma_G M_{G_k} + \gamma_{Q_1} \psi_{c1} M_{Q1k} + \gamma_{Q_2} \psi_{c2} M_{Q2k}$$
$$= 1.35 \times 10 + 1.4 \times 0.7 \times 12 + 1.4 \times 0.6 \times 4$$
$$= 28.62 (\text{kN} \cdot \text{m})$$

（2）由可变荷载控制的组合

楼面活荷载作为第一可变荷载：

$$M_2 = \gamma_G M_{G_k} + \gamma_{Q_1} M_{Q1k} + \gamma_{Q_2} \psi_{c2} M_{Q2k}$$
$$= 1.2 \times 10 + 1.4 \times 12 + 1.4 \times 0.6 \times 4$$
$$= 32.16 (\text{kN} \cdot \text{m})$$

风荷载作为第一可变荷载：

$$M_3 = \gamma_G M_{G_k} + \gamma_{Q_2} M_{Q_{2k}} + \gamma_{Q_1} \psi_{c1} M_{Q_{1k}}$$
$$= 1.2 \times 10 + 1.4 \times 4 + 1.4 \times 0.7 \times 12$$
$$= 29.36(\text{kN} \cdot \text{m})$$

综上所述,取 $M = M_2 = 32.16\text{kN} \cdot \text{m}$。

【例 9-6】 已知某屋面板在各种荷载作用下的弯矩标准值分别为:永久荷载 $M_{Gk} = 6.40\text{kN} \cdot \text{m}$,屋面均布活荷载 $M_{Q_{1k}} = 0.85\text{kN} \cdot \text{m}$,积灰荷载 $M_{G2k} = 0.85kN \cdot m$,雪荷载 $M_{G3k} = 0.45\text{kN} \cdot \text{m}$。各可变荷载的组合值系数、频遇值系数、准永久系数分别为:屋面活荷载 $\psi_{c1} = 0.7$,$\psi_{f1} = 0.5$,$\psi_{q1} = 0.4$;积灰荷载 $\psi_{c2} = 0.9$,$\psi_{f2} = 0.9$,$\psi_{q2} = 0.8$,雪荷载 $\psi_{c3} = 0.7$,$\psi_{f3} = 0.6$,$\psi_{q3} = 0.2$。安全等级为二级。试求:按荷载承载能力极限状态设计时板的弯矩设计值 M;在正常使用极限状态下板的弯矩标准值 M_k、频遇值 M_f 和准永久值 M_q。

【解】 (1)按承载能力极限状态,计算弯矩设计值 M。

屋面均布活荷载不应与雪荷载同时组合。

①由永久荷载效应控制的组合。

$$M = \gamma_0(\gamma_G M_{G_k} + \gamma_{Q_1} \psi_{c1} M_{Q_{1k}} + \gamma_{Q_2} \psi_{c2} M_{Q_{2k}})$$
$$= 1.0 \times (1.35 \times 6.4 + 1.4 \times 0.7 \times 0.85 + 1.4 \times 0.9 \times 0.85)$$
$$= 10.544(\text{kN} \cdot \text{m})$$

②由可变荷载效应控制的组合。

屋面活荷载作为第一可变荷载:

$$M = \gamma_0(\gamma_G M_{G_k} + \gamma_{Q_1} M_{Q_{1k}} + \gamma_{Q_2} \psi_{c2} M_{Q_{2k}})$$
$$= 1.0 \times (1.2 \times 6.4 + 1.4 \times 0.85 + 1.4 \times 0.9 \times 0.85)$$
$$= 9.941(\text{kN} \cdot \text{m})$$

屋面积灰荷载作为第一可变荷载:

$$M = \gamma_0(\gamma_G M_{G_k} + \gamma_{Q_2} M_{Q_{2k}} + \gamma_{Q_1} \psi_{c1} M_{Q_{1k}})$$
$$= 1.0 \times (1.2 \times 6.4 + 1.4 \times 0.85 + 1.4 \times 0.7 \times 0.85)$$
$$= 9.703(\text{kN} \cdot \text{m})$$

故取较大值,$M = 10.30\text{kN} \cdot \text{m}$。

(2)按正常使用极限状态计算荷载效应值 M_k、M_f、M_q。

弯矩标准值:

$$M_k = M_{G_k} + M_{Q_{1k}} + \psi_{c2} M_{G2k}$$
$$= 6.4 + 0.85 + 0.9 \times 0.85$$
$$= 8.015(\text{kN} \cdot \text{m})$$

弯矩频遇值:

$$M_f = M_{G_k} + \psi_{f1} M_{Q_{1k}} + \psi_{q2} M_{G2k}$$
$$= 6.4 + 0.5 \times 0.85 + 0.8 \times 0.85$$
$$= 7.505(\text{kN} \cdot \text{m})$$

弯矩准永久值:

$$M_q = M_{G_k} + \psi_{q1} M_{Q_{1k}} + \psi_{q2} M_{G2k}$$
$$= 6.4 + 0.4 \times 0.85 + 0.8 \times 0.85$$
$$= 7.42(\text{kN} \cdot \text{m})$$

本 章 小 结

（1）工程结构设计应符合技术先进、经济合理、安全适用、确保质量的要求，确保结构具有足够的可靠性。可靠性包括安全性、适用性和耐久性，即结构在规定的时间内，在规定的条件下，完成预定功能的能力。可靠性的概率度量称为可靠度，一般采用可靠指标进行描述。结构可靠度分析方法有中心点法和验算点法。

（2）在可靠与失效状态的中间界限状态称为极限状态，采用数学方法描述这些状态称为结构的功能函数。

（3）根据不同用途的结构破坏所造成后果（危害人的生命、造成经济损失、产生社会影响等）的严重程度不同对结构的安全等级进行分类。

（4）设计使用年限是指设计规定的结构或结构构件不需要进行大修即可按其预定目标使用的年限，即房屋建筑在正常设计、正常施工、正常使用和维护下所达到的使用年限。设计基准期是为确定可变作用等的取值而选用的时间参数。

（5）整个结构或结构的一部分超过某一特定状态就不能满足设计规定的某一功能要求，则此特定状态被称为该功能的极限状态。结构功能的极限状态可分为承载能力极限状态和正常使用极限状态两类。本章介绍了两类极限状态的设计表达式。

思考题

9-1 结构的基本功能归纳起来有哪些？

9-2 结构有哪些极限状态？试举例说明。

9-3 何谓结构的可靠性和可靠度？结构的可靠度与结构的可靠性之间有什么关系？

9-4 可靠指标与失效概率有什么关系？

9-5 什么是验算点？

9-6 可靠指标有什么几何意义？

9-7 影响结构目标可靠指标的因素有哪些？

9-8 在概率极限状态设计表达式中如何体现结构的安全等级和目标可靠指标？

常见材料和构件的重度   附表 1

名　称	自　重	备　注
1. 木材（kN/m³）		
杉木	4	随含水率不同
冷杉、云杉、红松、华山松、樟子松、铁杉,拟赤杨、红椿、杨木、枫杨	4～5	随含水率不同
马尾松、云南松、油松、赤松、广东松、枫香、柳木、檫木、秦岭落叶松、新疆落叶松	5～6	随含水率不同
东北落叶松、陆均松、榆木、桦木、水曲柳、木荷、臭椿	6～7	随含水率不同
锥木、石栎、槐木、乌墨	7～8	随含水率不同
青冈栎、栎木、桉树、木麻黄	8～9	随含水率不同
普通木板条、橡檩木料	5	随含水率不同
锯木	2～2.5	加防腐剂时为 3（kN/m³）
软木板	2.5	
刨花板	6	
2. 胶合板材（kN/m²）		
胶合三夹板（杨木）	0.019	

名　称	自　重	备　注
胶合三夹板(椴木)	0.022	
胶合三夹板(水曲柳)	0.028	
胶合五夹板(水曲柳)	0.04	
甘蔗板(按 10mm 厚计)	0.03	常用板厚为 12mm、15mm、19mm、25mm
隔声板(按 10mm 厚计)	0.03	常用板厚为 13mm、20mm
木屑板(按 10mm 厚计)	0.12	常用板厚为 6mm、10mm
3. 金属矿产 (kN/m²)		
铸铁	72.5	
石棉	10	压实
石垩(高岭土)	22	
石膏矿	25.5	
石膏	13 ~ 14.5	粗块堆放 $\varphi = 30°$,细块堆放 $\varphi = 40°$
4. 土、砂、砂砾、岩石 (kN/m³)		
腐殖土	15 ~ 16	干,$\varphi = 40°$;湿,$\varphi = 35°$ 很湿 $\varphi = 25°$
黏土	13.5	干,松,空隙比为 1.0
砂土	16	干,$\varphi = 35°$,压实
砂土	18	湿,$\varphi = 35°$,压实
卵石	16 ~ 18	干
石灰石	26.4	
贝壳石灰岩	14	
火石	35.2	
云斑石	27.6	
玄武岩	29.5	
长石	25.5	
角闪石、绿石	30	
花岗岩、大理石	28	
多孔黏土	5 ~ 8	作填充料用 $\varphi = 35°$
5. 砖及砌块 (kN/m³)		
普通砖	19	机器制
耐火砖	19 ~ 22	230mm × 110mm × 55mm(609 块/m³)
耐酸瓷砖	23 ~ 25	230mm × 110mm × 55mm(590 块/m³)
灰砂砖	18	砂:白灰 = 92:8
煤渣砖	17 ~ 18.5	
矿渣砖	18.5	硬矿渣:烟灰:石灰 = 75:15:10
水泥空心砖	9.8	290mm × 290mm × 140mm(85 块/m³)
水泥空心砖	10.3	300mm × 250mm × 110mm(121 块/m³)

名　　称	自　重	备　注
水泥空心砖	9.6	300mm×250mm×100mm(83 块/m³)
蒸压粉煤灰砖	14.0~16.0	干重度
陶粒空心砖	5.0	长 600mm、400mm,宽 150mm、250mm, 高 250mm、200mm
混凝土空心小砌块	11.8	390mm×190mm×190mm
瓷面砖	19.8	150mm×150mm×8mm(5556 块/m³)
陶瓷锦砖	0.12(kN/m²)	厚5mm
6.石灰、水泥、灰浆及混凝土(kN/m³)		
生石灰块	11	堆置,$\varphi=30°$
生石灰粉	12	堆置,$\varphi=35°$
熟石灰膏	13.5	
石灰砂浆,混合砂浆	17	
水泥炉渣	12~14	
灰土	17.5	石灰:土=3:7,夯实
稻草石灰泥	16	
石灰三合土	17.5	石灰、砂子、卵石
水泥	16	袋装压实,$\varphi=40°$
矿渣水泥	14.5	
水泥砂浆	20	
水泥蛭石砂浆	5~8	
灰膏砂浆	12	
素混凝土	22~24	
加气混凝土	5.5~7.5	单块
钢筋混凝土	24~25	
7.沥青、煤炭、油料(kN/m³)		
石油沥青	10~11	根据相对密度
柏油	12	
煤沥青	13.4	
煤焦油	10	
无烟煤	15.5	整体
焦渣	10	
8.杂项(kN/m³)		
普通玻璃	25.6	
矿渣棉	1.2~1.5	松散,导热系数0.031~0.044W/(m·K)
水泥珍珠岩制品,憎水珍珠岩制品	3.5~4	强度 1N/mm³,导热系数 0.058~0.081W/ (m·K)
膨胀蛭石	0.8~2	导热系数0.052~0.07W/(m·K)

名　称	自　重	备　注
水泥蛭石制品	4～6	导热系数0.093～0.14W/(m·K)
石棉板	13	含水率不大于3%
松香	10.7	
水	10	温度4℃密度最大
冰	8.96	
书籍	5	
报纸	7	
棉花、棉签	4	压紧平均重量
建筑碎料(建筑垃圾)	15	
9. 砌体(kN/m³)		
浆砌毛方石	24.8	花岗岩,上下面大致平整
干砌毛石	20	石灰石
浆砌普通砖	18	
浆砌机砖	19	
浆砌耐火砖	22	
三合土	17	灰:砂:土＝1:1:9～1:1:4
10. 隔墙与墙面(kN/m²)		
双面抹灰板条隔墙	0.9	每面抹灰厚16～24mm,龙骨在内
单面抹灰板条隔墙	0.5	灰厚16～24m,龙骨在内
C型轻钢龙骨隔墙	0.27	两层12mm纸面石膏板,无保温层
水泥粉刷墙面	0.36	20mm,水泥粗沙
11. 屋架、门窗(kN/m²)		
木屋架	$0.07 + 0.007l$	按屋面水平投影面积计算,跨度l以m计
钢架屋	$0.12 + 0.011l$	无天窗,包括支撑,按屋面水平投影面积计算,跨度l以m计
木框玻璃窗	0.2～0.3	
钢框玻璃窗	0.4～0.45	
木门	0.1～0.2	
钢铁门	0.4～0.45	

全国各地50年一遇雪压和风压值

附表2

地　　名		风压/(kN/m²)			雪压/(kN/m²)			雪荷载准永久值系数分区
		$n=10$ 年	$n=50$ 年	$n=100$ 年	$n=10$ 年	$n=50$ 年	$n=100$ 年	
北京		0.30	0.45	0.50	0.25	0.40	0.45	II
天津	天津	0.30	0.50	0.60	0.25	0.40	0.45	II
	塘沽	0.40	0.55	0.60	0.20	0.40	0.45	II
上海		0.40	0.55	0.60	0.10	0.20	0.25	III
重庆		0.25	0.40	0.45				III
河北	石家庄市	0.25	0.35	0.40	0.20	0.30	0.35	II
	邢台市	0.20	0.30	0.35	0.25	0.35	0.40	II
	唐山市	0.30	0.40	0.45	0.20	0.35	0.40	II
	保定市	0.30	0.40	0.45	0.20	0.35	0.40	II
	沧州市	0.30	0.40	0.45	0.20	0.30	0.35	II
	南宫市	0.25	0.35	0.40	0.15	0.25	0.30	II
	张家口市	0.35	0.55	0.60	0.15	0.25	0.30	II
	承德市	0.30	0.40	0.45	0.20	0.30	0.35	II
	秦皇岛市	0.35	0.45	0.50	0.15	0.25	0.30	II
	唐山市	0.30	0.40	0.45	0.20	0.35	0.40	II
山西	太原市	0.30	0.40	0.45	0.25	0.35	0.40	II
	大同市	0.35	0.55	0.65	0.15	0.25	0.30	II
	阳泉市	0.30	0.40	0.45	0.20	0.35	0.40	II
	临汾市	0.25	0.40	0.45	0.15	0.25	0.30	II
	长治县	0.30	0.50	0.60				II
	运城市	0.30	0.40	0.45	0.15	0.25	0.30	II
内蒙古	呼和浩特市	0.35	0.55	0.60	0.25	0.40	0.45	II
	满洲里市	0.50	0.65	0.70	0.20	0.30	0.35	I
	海拉尔市	0.45	0.65	0.75	0.35	0.45	0.50	I
	扎兰屯市	0.30	0.40	0.45	0.35	0.55	0.65	I
	乌兰浩特市	0.40	0.55	0.60	0.20	0.30	0.35	I
	二连浩特市	0.55	0.65	0.70	0.15	0.25	0.30	II
	集宁市	0.40	0.60	0.70	0.25	0.35	0.40	II
	包头市	0.35	0.55	0.60	0.25	0.40	0.45	II
	东胜市	0.30	0.50	0.60	0.25	0.35	0.40	II
	锡林浩特市	0.40	0.55	0.60	0.25	0.40	0.45	I
	通辽市	0.40	0.55	0.60	0.20	0.30	0.35	II
	多伦	0.40	0.55	0.60	0.20	0.30	0.35	I
	林西	0.45	0.60	0.70	0.25	0.40	0.45	I
	赤峰市	0.30	0.55	0.65	0.20	0.30	0.35	II

地　　名		风压/(kN/m²)			雪压/(kN/m²)			雪荷载准永久值系数分区
		$n=10$ 年	$n=50$ 年	$n=100$ 年	$n=10$ 年	$n=50$ 年	$n=100$ 年	
辽宁	沈阳市	0.40	0.55	0.60	0.30	0.50	0.55	I
	阜新市	0.40	0.60	0.70	0.25	0.40	0.45	I
	朝阳市	0.40	0.55	0.60	0.30	0.45	0.55	II
	锦州市	0.40	0.60	0.70	0.30	0.40	0.45	II
	鞍山市	0.30	0.50	0.60	0.30	0.40	0.45	I
	本溪市	0.35	0.45	0.50	0.40	0.55	0.60	I
	兴城市	0.35	0.45	0.50	0.20	0.30	0.35	II
	营口市	0.40	0.60	0.70	0.30	0.40	0.45	II
	丹东市	0.35	0.55	0.65	0.30	0.40	0.45	II
	瓦房店市	0.35	0.50	0.55	0.20	0.30	0.35	II
	庄河	0.35	0.50	0.55	0.25	0.35	0.40	II
	大连市	0.40	0.65	0.75	0.25	0.40	0.45	II
吉林	长春市	0.45	0.65	0.75	0.25	0.35	0.40	I
	白城市	0.45	0.65	0.75	0.15	0.20	0.25	II
	四平市	0.40	0.55	0.60	0.20	0.35	0.40	II
	吉林市	0.40	0.50	0.55	0.30	0.45	0.50	I
	敦化市	0.30	0.45	0.50	0.30	0.50	0.60	I
	梅河口市	0.30	0.40	0.45	0.30	0.45	0.50	I
	延吉市	0.35	0.50	0.55	0.35	0.55	0.65	I
	集安市	0.20	0.30	0.35	0.45	0.70	0.80	I
	长白	0.35	0.45	0.50	0.40	0.60	0.70	I
	四平市	0.40	0.55	0.60	0.20	0.35	0.40	I
	通化市	0.30	0.50	0.60	0.50	0.80	0.90	I
黑龙江	哈尔滨市	0.35	0.55	0.65	0.30	0.45	0.50	I
	齐齐哈尔市	0.35	0.45	0.50	0.25	0.40	0.45	I
	佳木斯市	0.40	0.65	0.75	0.45	0.65	0.70	I
	黑河市	0.35	0.5	0.55	0.45	0.60	0.65	I
	北安市	0.30	0.50	0.60	0.40	0.55	0.60	I
	伊春市	0.25	0.35	0.40	0.45	0.60	0.65	I
	鹤岗市	0.30	0.40	0.45	0.45	0.65	0.70	I
	绥化市	0.35	0.55	0.65	0.35	0.50	0.60	I
	安达市	0.35	0.55	0.65	0.20	0.30	0.35	I
	鸡西市	0.40	0.55	0.65	0.45	0.65	0.75	I
	牡丹江市	0.35	0.50	0.55	0.40	0.60	0.65	I
	绥芬河市	0.40	0.60	0.70	0.40	0.55	0.60	I

地　　名		风压/(kN/m²)			雪压/(kN/m²)			雪荷载准永久值系数分区
		$n=10$ 年	$n=50$ 年	$n=100$ 年	$n=10$ 年	$n=50$ 年	$n=100$ 年	
山东	济南市	0.30	0.45	0.50	0.20	0.30	0.35	II
	烟台市	0.40	0.55	0.60	0.30	0.40	0.45	II
	威海市	0.45	0.65	0.75	0.30	0.45	0.50	II
	青岛市	0.45	0.60	0.70	0.15	0.20	0.25	II
	德州市	0.30	0.45	0.50	0.20	0.35	0.40	II
	龙口市	0.45	0.60	0.65	0.25	0.35	0.40	II
	泰安市	0.30	0.40	0.45	0.20	0.35	0.40	II
	潍坊市	0.30	0.40	0.45	0.25	0.35	0.40	II
	莱阳市	0.30	0.40	0.45	0.15	0.25	0.30	II
	菏泽市	0.25	0.40	0.45	0.20	0.30	0.35	II
	日照市	0.30	0.40	0.45				II
江苏	南京市	0.25	0.40	0.45	0.40	0.65	0.75	II
	徐州市	0.25	0.35	0.40	0.25	0.35	0.40	II
	连云港市	0.35	0.55	0.65	0.25	0.40	0.45	II
	吴县东山市	0.30	0.45	0.50	0.25	0.40	0.45	III
	淮阴市	0.25	0.40	0.45	0.25	0.40	0.45	III
	东台市	0.30	0.40	0.45	0.20	0.30	0.35	III
	南通市	0.30	0.45	0.50	0.15	0.25	0.30	III
	常州市	0.25	0.40	0.45	0.20	0.35	0.40	III
浙江	杭州市	0.30	0.45	0.50	0.30	0.45	0.50	III
	宁波市	0.30	0.50	0.60	0.20	0.30	0.35	III
	温州市	0.35	0.60	0.70	0.15	0.20	0.25	III
	衢州市	0.25	0.35	0.40	0.30	0.50	0.60	III
	丽水市	0.20	0.30	0.35	0.30	0.45	0.50	III
	慈溪市	0.30	0.45	0.50	0.25	0.35	0.40	III
	舟山市	0.50	0.85	1.00	0.30	0.50	0.60	III
	金华市	0.25	0.35	0.40	0.35	0.55	0.65	III
安徽	合肥市	0.25	0.35	0.40	0.40	0.60	0.70	II
	蚌埠市	0.25	0.35	0.40	0.30	0.45	0.50	II
	黄山市	0.25	0.35	0.40	0.30	0.45	0.55	III
	亳州市	0.25	0.45	0.55	0.25	0.40	0.45	II
	六安市	0.20	0.35	0.40	0.35	0.55	0.60	II
	安庆市	0.25	0.40	0.45	0.20	0.35	0.40	III
	阜阳市				0.35	0.55	0.60	II
江西	南昌市	0.30	0.45	0.55	0.30	0.45	0.50	III

地 名		风压/(kN/m²)			雪压/(kN/m²)			雪荷载准永久值系数分区
		n=10年	n=50年	n=100年	n=10年	n=50年	n=100年	
江西	赣州市	0.20	0.30	0.35	0.20	0.35	0.40	Ⅲ
	九江市	0.25	0.35	0.40	0.30	0.40	0.45	Ⅲ
	宜春市	0.20	0.30	0.35	0.25	0.40	0.45	Ⅲ
	景德镇市	0.25	0.35	0.40	0.25	0.35	0.40	Ⅲ
	樟树市	0.20	0.30	0.35	0.25	0.40	0.45	Ⅲ
福建	福州市	0.40	0.70	0.85				
	厦门市	0.50	0.80	0.95				
	邵武市	0.20	0.30	0.35	0.25	0.35	0.40	Ⅲ
	南平市	0.20	0.35	0.45				
	永安市	0.25	0.40	0.45				
	龙岩市	0.20	0.35	0.45				
陕西	西安市	0.25	0.35	0.40	0.20	0.25	0.30	Ⅱ
	榆林市	0.25	0.40	0.45	0.20	0.25	0.30	Ⅱ
	延安市	0.25	0.35	0.40	0.15	0.25	0.30	Ⅱ
	宝鸡市	0.20	0.35	0.40	0.15	0.20	0.25	Ⅱ
	铜川市	0.20	0.35	0.40	0.15	0.20	0.25	Ⅱ
	汉中市	0.20	0.30	0.35	0.15	0.20	0.25	Ⅲ
	商州市	0.25	0.30	0.35	0.20	0.30	0.35	Ⅱ
	安康市	0.30	0.45	0.50	0.10	0.15	0.20	Ⅲ
甘肃	兰州市	0.20	0.30	0.35	0.10	0.15	0.20	Ⅱ
	酒泉市	0.40	0.55	0.60	0.20	0.30	0.35	Ⅱ
	天水市	0.20	0.35	0.40	0.15	0.20	0.25	Ⅱ
	张掖市	0.30	0.50	0.60	0.05	0.10	0.15	Ⅱ
	武威市	0.35	0.55	0.65	0.15	0.20	0.25	Ⅱ
	临夏市	0.20	0.30	0.35	0.15	0.25	0.30	Ⅱ
	平凉市	0.25	0.30	0.35	0.15	0.25	0.30	Ⅱ
	玉门市				0.15	0.20	0.25	Ⅱ
宁夏	银川市	0.40	0.65	0.75	0.15	0.20	0.25	Ⅱ
	中卫	0.30	0.45	0.50	0.05	0.10	0.15	Ⅱ
青海	西宁市	0.25	0.35	0.40	0.15	0.20	0.25	Ⅱ
	格尔木市	0.30	0.40	0.45	0.10	0.20	0.25	Ⅱ
	德令哈市	0.25	0.35	0.40	0.10	0.15	0.20	Ⅱ
新疆	乌鲁木齐市	0.40	0.60	0.70	0.60	0.80	0.90	Ⅰ
	克拉玛依市	0.65	0.90	1.00	0.20	0.30	0.35	Ⅰ
	吐鲁番市	0.50	0.85	1.00	0.15	0.20	0.25	Ⅱ

地 名		风压/（kN/m²)			雪压/（kN/m²)			雪荷载准永久值系数分区
		$n=10$ 年	$n=50$ 年	$n=100$ 年	$n=10$ 年	$n=50$ 年	$n=100$ 年	
新疆	库尔勒市	0.30	0.45	0.50	0.15	0.25	0.30	II
	阿勒泰市	0.40	0.70	0.85	0.85	1.25	1.40	I
	伊宁市	0.40	0.60	0.70	0.70	1.00	1.15	I
	阿克苏市	0.30	0.45	0.50	0.15	0.25	0.30	II
	喀什市	0.35	0.55	0.65	0.30	0.45	0.50	II
河南	郑州市	0.30	0.45	0.50	0.25	0.40	0.45	II
	洛阳市	0.25	0.40	0.45	0.25	0.35	0.40	II
	开封市	0.30	0.45	0.50	0.20	0.30	0.35	II
	信阳市	0.25	0.35	0.40	0.35	0.55	0.65	II
	安阳市	0.25	0.45	0.55	0.25	0.40	0.45	II
	新乡市	0.30	0.40	0.45	0.20	0.30	0.35	II
	三门峡市	0.25	0.40	0.45	0.15	0.20	0.25	II
	许昌市	0.30	0.40	0.45	0.25	0.40	0.45	II
	南阳市	0.25	0.35	0.40	0.30	0.45	0.50	II
	驻马店市	0.25	0.40	0.45	0.30	0.45	0.50	II
	商丘市	0.20	0.35	0.45	0.30	0.45	0.50	II
湖北	武汉市	0.25	0.35	0.40	0.30	0.50	0.60	II
	宜昌市	0.20	0.30	0.35	0.20	0.30	0.35	II
	荆州市	0.20	0.30	0.35	0.20	0.40	0.45	II
	黄石市	0.25	0.35	0.40	0.25	0.35	0.40	III
	老河口市	0.20	0.30	0.35	0.25	0.35	0.40	II
	枣阳市	0.25	0.40	0.45	0.25	0.40	0.45	II
	麻城市	0.20	0.35	0.45	0.35	0.55	0.65	III
	恩施市	0.20	0.30	0.35	0.15	0.20	0.25	III
	天门市	0.20	0.30	0.35	0.25	0.35	0.45	II
湖南	长沙市	0.25	0.35	0.40	0.30	0.45	0.50	III
	衡阳市	0.25	0.40	0.45	0.20	0.35	0.40	III
	郴州市	0.20	0.30	0.35	0.20	0.30	0.35	III
	岳阳市	0.25	0.40	0.45	0.35	0.55	0.65	III
	吉首市	0.20	0.30	0.35	0.20	0.30	0.35	III
	常德市	0.25	0.40	0.50	0.30	0.50	0.60	II
	沅江市	0.25	0.40	0.45	0.35	0.55	0.65	III
	邵阳市	0.20	0.30	0.35	0.20	0.30	0.35	III
广东	广州市	0.30	0.50	0.60				
	汕头市	0.50	0.80	0.95				

地 名		风压/(kN/m²)			雪压/(kN/m²)			雪荷载准永久值系数分区
		$n=10$ 年	$n=50$ 年	$n=100$ 年	$n=10$ 年	$n=50$ 年	$n=100$ 年	
广东	深圳市	0.45	0.75	0.90				
	湛江市	0.50	0.80	0.95				
广西	南宁市	0.25	0.35	0.40				
	桂林市	0.20	0.30	0.35				
	柳州市	0.20	0.30	0.35				
	百色市	0.25	0.45	0.55				
	梧州市	0.20	0.30	0.35				
	北海市	0.45	0.75	0.90				
海南	海口市	0.45	0.75	0.90				
	三亚市	0.50	0.85	1.05				
四川	成都市	0.20	0.30	0.35	0.10	0.10	0.15	Ⅲ
	绵阳市	0.20	0.30	0.35				
	宜宾市	0.20	0.30	0.35				
	西昌市	0.20	0.30	0.35	0.20	0.30	0.35	Ⅲ
	都江堰市	0.20	0.30	0.35	0.15	0.25	0.30	Ⅲ
	雅安市	0.20	0.30	0.35	0.10	0.20	0.20	Ⅲ
	达州市	0.20	0.35	0.45				
	遂宁市	0.20	0.30	0.35				
	南充市	0.20	0.30	0.35				
	万县市	0.15	0.30	0.35				
	内江市	0.25	0.40	0.50				
	涪陵市	0.20	0.30	0.35				
	泸州市	0.20	0.30	0.35				
贵州	贵阳市	0.20	0.30	0.35	0.10	0.20	0.25	Ⅲ
	遵义市	0.20	0.30	0.35	0.10	0.20	0.25	Ⅲ
	安顺市	0.20	0.30	0.35	0.20	0.30	0.35	Ⅲ
	凯里市	0.20	0.30	0.35	0.15	0.20	0.25	Ⅲ
云南	昆明市	0.20	0.30	0.35	0.20	0.30	0.35	Ⅲ
	丽江	0.25	0.30	0.35	0.20	0.30	0.35	Ⅲ
	大理市	0.45	0.65	0.75				
	保山市	0.20	0.30	0.35				
	楚雄市	0.20	0.35	0.40				
	昭通市	0.25	0.35	0.40	0.15	0.25	0.30	
西藏	拉萨市	0.20	0.30	0.35	0.10	0.15	0.20	Ⅲ
	日喀则市	0.20	0.30	0.35	0.10	0.15	0.15	Ⅲ

续上表

地　　名		风压/(kN/m²)			雪压/(kN/m²)			雪荷载准永久值系数分区
		$n=10$ 年	$n=50$ 年	$n=100$ 年	$n=10$ 年	$n=50$ 年	$n=100$ 年	
台湾	台北市	0.40	0.70	0.85				
	新竹市	0.50	0.80	0.95				
	台中市	0.50	0.80	0.90				
香港	香港	0.80	0.90	0.95				
	横澜岛	0.95	1.25	1.40				
澳门		0.75	0.85	0.90				

屋面积雪分布系数 附表3

项次	类别	屋面形式及积雪分布系数	项次	类别	屋面形式及积雪分布系数
1	单跨单坡屋面	 单坡屋面表：α ≤25°、30°、35°、40°、45°、≥50°；μ_r：1.0、0.8、0.6、0.4、0.2、0	5	带窗有挡风板的屋面	均匀分布的情况 不均匀分布的情况 1.0 1.4 0.8 1.4 1.0
2	单跨双坡屋面	均匀分布的情况 μ_r 不均匀分布的情况 $0.76\mu_r$ $1.25\mu_r$ μ_r 按第 1 规定采用	6	多跨单坡屋面（锯齿形屋面）	均匀分布的情况 1.0 不均匀分布的情况 0.6 1.4 0.6 1.4 0.6 1.4 $l/2$ $l/2$ l l
3	拱形屋面	$\mu_r = \dfrac{1}{8f}$ $(0.4 \leq \mu_r \leq 1.0)$ 60° f l μ_r	7	双跨双坡或拱形屋面	均匀分布的情况 1.0 不均匀分布的情况 μ_r 1.4 μ_r l l μ_r 按第 1 或第 3 项规定采用
4	带天窗的屋面	均匀分布的情况 1.0 不均匀分布的情况 1.1 0.8 1.1	8	高低屋面	1.0 2.0 1.0 a h $a=2h$, 但不小于 4m, 不大于 8m

注:1. 第 2 项单跨双坡屋面仅当 20°≤α≤30°时,可采用不均匀分布情况。

2. 第 4、5 项只适用于坡度 α≤25°的一般工业厂房屋面。

3. 第 7 项双跨双坡或拱形屋面,当 α≤25°时,只采用均布分布情况。

4. 多跨屋面的积雪分布系数,可参照第 7 项的规定采用。

参 考 文 献

[1] 中国建筑科学研究院.GBJ 68—84　建设结构设计统一标准[S].北京:中国建筑工业出版社,1984.

[2] 中华人民共和国住房和城乡建设部.GB 50009—2012　建筑结构荷载规范[S].北京:中国建筑工业出版社,2012.

[3] 柳炳康.荷载与结构设计方法[M].2版.武汉:武汉理工大学出版社,2012.

[4] 白国梁,刘明.荷载与结构设计方法[M].北京:高等教育出版社,2003.

[5] 李国强,等.工程结构荷载与可靠度设计原理[M].北京:中国建筑工业出版社,2011.

[6] 杨伟军,赵传智.土木工程结构可靠度理论与设计[M].大连:大连理工大学出版社,1999.

人民交通出版社股份有限公司公路教育出版中心
土木工程/道路桥梁与渡河工程类本科及以上教材

注:◆教育部普通高等教育"十一五"、"十二五"国家级规划教材
　　▲建设部土建学科专业"十一五"、"十三五"规划教材

教材详细信息,请查阅"中国交通书城"(www.jtbook.com.cn)
咨询电话:(010)85285865
道路工程课群教学研讨 QQ 群(教师) 328662128   桥梁工程课群教学研讨 QQ 群(教师) 138253421
交通工程课群教学研讨 QQ 群(教师) 185830343